纽荷尔脐橙果实

无公害脐橙果实

有机脐橙果实

脐橙结果状

硕果累累的脐橙树

2 年生脐橙树适量挂果状

4 年生脐橙树立体结果状

5 年生脐橙园丰产状

成年脐橙园丰产状

发育正常的脐橙花

脐橙的有叶花枝和无叶花枝

昆虫传粉

丘陵山地脐橙生产基地

用小型挖掘机进行脐橙园深翻扩穴作业

脐橙园条沟状深翻扩穴

脐橙树夏剪后促发的健壮秋梢

脐橙春梢果枝结果状

脐橙幼树树盘覆盖状

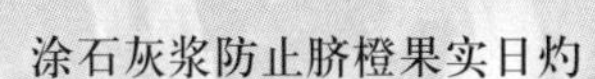

涂石灰浆防止脐橙果实日灼

脐橙果实套袋状

脐橙树缺氮症状：新梢叶小，发黄，老叶也发黄，无光泽

脐橙树缺磷症状：叶色暗绿，无光泽

脐橙树缺钾症状：老叶叶尖叶缘黄化，新叶正常

脐橙树缺硫症状：新梢叶小，发黄，老叶正常

脐橙树缺钙症状：春梢叶片先端和叶缘黄化，叶幅变窄

脐橙树缺硼症状：新梢叶片发黄，卷曲，无光泽，叶脉增粗，发黄，木栓化开裂

脐橙树缺硼缺镁症状：叶脉增粗，发黄，木栓化开裂，主脉两侧出现肋骨状黄色区，叶尖和叶基保持倒三角形绿色区

脐橙树缺铁症状：新梢叶片叶脉绿色，成网状，叶肉黄化，老叶正常

脐橙树缺锰症状：新叶暗绿色的叶脉之间出现淡黄色斑纹，老叶正常

脐橙树缺镁症状：叶片主脉两侧成肋骨状，叶尖和叶基保持倒三角形绿色区，新叶正常

夏季干旱引起脐橙树落叶状

患炭疽病脐橙树落叶后开花状

脐橙树体与花果调控技术

陈　杰　编著

金盾出版社

内容提要

本书由江西省赣州农校陈杰高级讲师编著。内容包括：脐橙的生长发育特性，脐橙的营养生理和水分生理，脐橙生长发育的化学调控，脐橙生产上应用的主要植物生长调节剂，脐橙的保叶、促花、保果、优质、产期调节与增强抗逆性的调控，以及缺素症的矫正等技术。该书通俗易懂，形象直观，技术先进，科学实用，操作性强。适合于果树技术人员、广大果农和有关农林院校师生阅读参考。

图书在版编目(CIP)数据

脐橙树体与花果调控技术/陈杰编著. —北京：金盾出版社，2007.3

ISBN 978-7-5082-4395-5

Ⅰ.脐…　Ⅱ.陈…　Ⅲ.橙子-果树园艺　Ⅳ.S666.4

中国版本图书馆 CIP 数据核字(2007)第 012133 号

金盾出版社出版、总发行

北京太平路 5 号(地铁万寿路站往南)

邮政编码：100036　电话：68214039　83219215

传真：68276683　网址：www.jdcbs.cn

彩色印刷：北京印刷一厂

黑白印刷：京南印刷厂

装订：桃园装订厂

各地新华书店经销

开本：787×1092 1/32　印张：6.625　彩页：8　字数：147 千字

2009 年 6 月第 1 版第 2 次印刷

印数：11001—19000 册　定价：10.00 元

目　录

第一章 脐橙的生长发育特性

脐橙(Navel Oranges),是柑橘类中的佼佼者,是国际上著名的柑橘良种。它的果实为国内外柑橘鲜果市场畅销果品。脐橙品质优良,外观好,有香气,货架时间长,极具市场竞争力,是我国南方栽培的主要果树之一,广泛分布于四川、重庆、湖北、湖南、江西、浙江、广西、贵州、云南和福建等省、直辖市、自治区。

脐橙是亚热带多年生常绿果树,适应性强,经济性状好,栽培寿命长。脐橙在它的整个生长发育过程中,要经历生命周期和年发育周期两种规律性的变化。在生命周期中,要经历生长、结果、衰老、更新和死亡的变化;在年发育周期中,脐橙随着四季气候的变化,有节奏地进行一系列的生命活动,并呈现一定的生长发育规律性,如萌芽、抽梢、展叶、开花、结果和花芽分化等。了解其周期性的变化,掌握其生长发育规律,是制定脐橙早结、丰产、稳产、优质栽培技术措施的重要依据。

第一节 物候期

在一年中,脐橙随着四季气候的变化,其形态和生理机能也相应地发生一定的变化,有节奏地进行一系列的生命活动,并呈现一定的规律性,如萌芽、抽梢、展叶、开花、结果、果实成熟和花芽分化等。这些变化过程,称作年周期变化。脐橙这种在一年中随着季节气候的变化,而按一定的顺序,进行内部生理和外部形态的规律性阶段变化,称为脐橙的生物气候学时期，简称物候期。脐橙物候期分为发芽期、枝梢生长期、花期、果实生长发育期、果实成熟期、根系生长期和花芽分化期。物候期因栽培地区的气候、年份、品种以及栽培技术的不同而有差异。在同一地区的不同品种，或是同一品种在不同的地区，抑或是同一品种在不同的年份，其物候期均有所差异。

一、发 芽 期

芽体膨大伸出苞片时，称为发芽期。脐橙发芽期所需的有效温度为 12.5℃。脐橙发芽期的迟早，与气候、品种（品系）和当年早春气温回升状况有关。如纽荷尔脐橙在赣南，其发芽期在 2 月上中旬；而在湖北宜昌，纽荷尔脐橙的发芽期是 3 月中下旬。

二、枝梢生长期

脐橙一年可抽生 3～4 次梢。按季节的不同，其枝梢可分为春梢、夏梢、秋梢和冬梢。春梢，是立春后至立夏前抽生的梢，节间短，叶片较小，先端尖，但抽生整齐。夏梢，是立夏至立秋前抽生的梢，长而粗壮，叶片较大，枝不充实，呈三棱形。秋梢，是立秋至立冬前抽生的梢，生长势比春梢强，比夏梢弱，枝呈三棱形，叶片大小介于春梢和夏梢之间（图 1-1）。按一年中继续抽生新梢情况的不同，枝梢可分为一次梢、二次梢和三次梢等。一次梢是一年只抽生一次的梢，如春梢、夏梢、秋梢。二次梢是指当年春梢上再抽生的夏梢或秋梢，或在夏梢上再抽生的秋梢。三次梢是春梢上再抽生夏梢和秋梢。

三、花 期

脐橙的花期可分为现蕾期和开花期。现蕾期：从发芽能

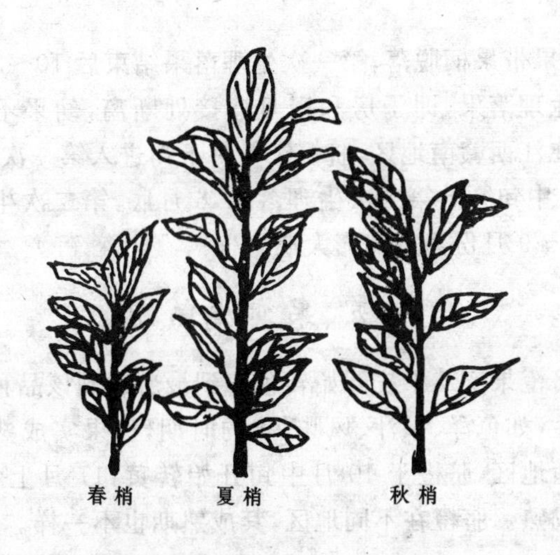

图 1-1 脐橙春梢、夏梢和秋梢

辨认出花芽起，花蕾由淡绿色转为白色至花初开前止，称为现蕾期。如在江西赣南地区，脐橙在 2 月下旬至 3 月上旬现蕾。从花瓣开放，能看见雌蕊、雄蕊时起，至花瓣脱落为止，称为开花期。如在江西赣南地区，脐橙在 4 月上中旬开花。开花期又按开花量的多少，分为初花期、盛花期和谢花期。一般全树有 5％的花量开放时称初花期；有 25％～75％的花开放时称盛花期；95％以上花瓣脱落时称谢花期。在江西赣南地区，脐橙初花期为 3 月下旬，盛花期为 4 月中旬，谢花期为 4 月底至 5 月初。由于气候的变化，个别年份会提前或推迟 5～7 天。

四、果实生长发育期

从谢花后 10～15 天，子房开始膨大，幼果开始发育时起，到果实成熟前止的时期，称为果实生长发育期。在果实生长发育前期，有两次生理落果。第一次生理落果在果柄基部断离，幼果带果柄脱落；第一次生理落果结束后 10～20 天，为第二次生理落果，即子房和蜜盘连接处断离，幼果不带果柄脱落。在江西赣南地区，脐橙于 4 月下旬进入第一次生理落果，5 月上中旬开始第二次生理落果，6 月底，第二次生理落果结束。7～9 月份为果实膨大期。

五、果实成熟期

脐橙果实从果皮开始转色直到最后达到该品种(品系)固有特性(如色泽、果汁、风味等)的时期，称果实成熟期。在江西赣南地区，脐橙于 10 月中旬开始转黄，11 月上旬至 12 月上旬成熟。脐橙在不同地区，其成熟期也不一样。

六、根系生长期

脐橙从春季开始生长新根，到秋、冬新根停止生长的时期，称为根系生长期。根系在一年中有 3～4 次生长高峰。脐橙树体受营养分配上生理平衡的影响，根系生长多开始于各次梢自枯(自剪)后，与枝梢的生长交替进行。在江西赣南地区，脐橙根系的第一次生长高峰，出现在春梢老熟后的 5 月份，生长量不大；第二次高峰在夏梢老熟后的 7～8 月份，是全年中最大的一次生长高峰；第三次则在秋梢老熟后的 9 月下旬至 11 月下旬，生长量与第一次相当。

七、花芽分化期

从叶芽转变为花芽，能通过解剖识别起，直到花器官分化完全止，这段时期称花芽分化期。脐橙花芽分化期，通常是从 10 月份至次年的 3 月份。花芽分化又分为生理分化和形态分化两个时期。生理分化期在形态分化之前，即 9～10 月份，是调控花芽分化的关键时期。当花芽内生长点由尖变圆时，即为花芽形态分化的开始，到雌蕊形成，花芽分化即告结束。脐橙花芽的形态分化期，通常从11月份开始，至次年的3月份结束，历时约4个月。形态分化初期在11月份至次年1月份；萼片形成期在1月上旬至2月中旬；花瓣形成期在2月中旬至3月初；雄蕊形成期在3月初至3月中旬；雌蕊形成期在3月中旬。

此时进行拉枝和扭枝等，均对花芽分化有利。冬季适当的干旱和低温，有利于花芽分化。光照对花芽分化具有重要的作用。生产上通过控水可促进花芽分化。

第二节　根的生长发育特性

脐橙树在地下的所有根，称为根系。根系是树体的重要组成部分。其主要作用是从土壤中吸收水分和养分，参与氨基酸、蛋白质和激素等许多化合物的合成，贮存与合成有机营养物质，并具有固定树体的作用。根系的分布状况和生长发育，与地上部的生长发育以及开花结果，有着密切的关系。只有培养健壮强大的根系，才能达到高产、优质、高效的栽培目的。

一、根系的结构

脐橙多数采用嫁接繁殖。枳是脐橙的主要砧木。枳砧脐橙的根系包括主根、侧根、须根和菌根等部分(图1-2)。

(一)主　根

由枳种子的胚根向下垂直生长，构成了枳砧脐橙根系的主根。主根是根系的永久中坚骨架，具有支撑和固定树体、输

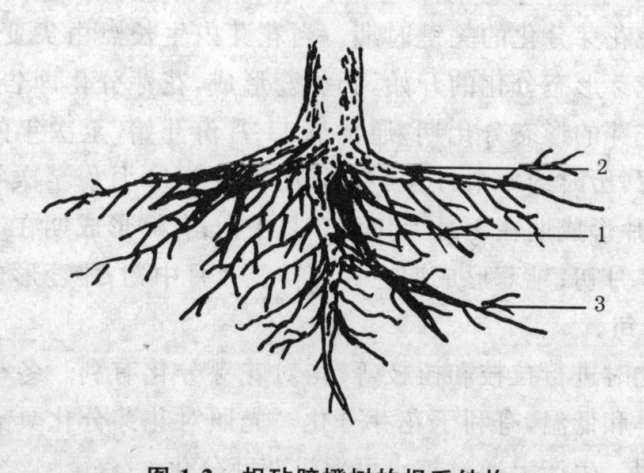

图 1-2 枳砧脐橙树的根系结构

1. 主根(垂直根) 2. 侧根(水平根) 3. 须根

送与贮存养料的作用。

(二)侧　根

直接着生在主根上的较粗大的根,称为侧根。

脐橙树的各级侧根和主根一道,构成根系的骨架部分,为永久性的根,称为骨干根。侧根也具有固定树体、输送和贮藏养料的作用。

(三)须　根

着生在主根和侧根上的大量细小的根,称为须根。经过须根的生长,构成了强大的根系,增强了根系吸收和输送养料的作用。

(四)菌　根

栽培的脐橙,是经嫁接繁殖的树体,须根发达。其根系一般不生根毛,而是靠与真菌共生所形成的菌根,来吸收水分和养分。真菌既能从根上吸收自身生长所需要的养分,又能供给根群所需的无机营养和水分。通过菌根分泌有机酸,能促使土壤中的难溶性矿物质的分解,增加土壤中的可供给养料。

菌根还能产生对脐橙生长有益的生长激素和维生素。菌根的菌丝具有较高的渗透压,因而大大提高了根系吸收养分和水分的能力,增强了根系的吸收功能。

二、根系的分布

脐橙根系在土壤中的分布具有明显的层性,通常为2～3层。最上层根系的根群角(主根与侧根之间的夹角为根群角)较大,分枝性强,根系较接近地面,几乎与地面平行,易受外界环境条件的影响。下层根系的根群角较小,分枝性弱,根系距离地面较远,几乎与地面成垂直状态,受外界环境条件的影响较小。

脐橙根系多数分布在离地面20～40厘米处。根系分布的深浅,常常受到砧木、繁殖方式、树龄大小、土层深浅、地下水位的高低和栽培环境条件的影响。枳砧脐橙根系较红橘砧脐橙浅;嫁接繁殖的脐橙根系较实生繁殖的浅;幼树脐橙根系较成年树的根系浅;脐橙在深厚、肥沃,地下水位低土层中的根系分布较深,而在板结、瘠薄,地下水位高土壤中的分布较浅。

脐橙根系在土壤中的分布,按其生长的方位,分为水平根系和垂直根系。水平根的分布范围较广,一般可达树冠冠幅的1.5～3倍。水平根的分布范围,与土壤条件关系密切。在土壤肥沃、土质黏重的环境中时,水平根分布较近;在瘠薄山地、土质砂性重的条件下时,水平根分布较远。水平根分枝多,着生细根也多,它是构成土壤中根系分布的主要部分。垂直根分布深度一般小于树高。直立性强、生长势旺的树垂直根深。垂直根分布的深度受土壤条件影响较大。在土层深厚、质地疏松、地下水位低的园地,垂直根分布较深。地下水位的高低，直接左右着垂直根的分布范围。垂直根的主要作用是固定树体和吸收土壤深层的水分和养分。它在全根量中所占比例虽小，但它的存在和分布深度，对适应不良的外界环境条件有重要的作用。

水平根和垂直根在土壤中的综合配置，构成了整个根系。随着新根的大量增生，而部分老根则发生季节性的枯死，这种新、旧根的生长与枯死的交替状况，称为根的自疏现象。根系就是借助于这种新旧根的生长与枯死的交替，使根系在土壤中的分布具有一定的密度。

三、根系的生长

脐橙根系在年周期内无明显的休眠期。当土温达 12℃左右时，根系开始生长。随土温的升高，根系活动加速。以 25℃～30℃为根系活动的最适温度。当土温超过 37℃后，根系即停止生长。在江西赣南地区，脐橙的根系一般于 2 月底至 3 月初开始生长，至 12 月底停止生长。脐橙根系生长适宜的土壤湿度，一般为土壤田间最大持水量的 60%～80%。

土壤的通气性对脐橙根系的生长极为重要，因为根系的生长和营养物质的吸收，都必须通过呼吸作用而取得能量。土壤孔隙含氧量在 8%以上时，有利于新根的生长；当土壤孔隙含氧量低于 4%时，新根生长缓慢；含氧量在 2%时，根系生长逐渐停止；含氧量低于 1.5%时，不但新根不能生长，原有的根系也将腐烂，根系出现死亡。因此，土壤积水、板结时，根系生长减弱，树势衰弱，叶片黄化，产量下降，甚至不能开花结果。

脐橙根系在年周期中的生长，表现为三个高峰，并与枝梢生长交替进行。即在每次新梢停止生长时，地上部供应一定量的有机养分输送至根部，根系才开始大量生长。在江西赣南地区，脐橙第一次新根的发生，一般在抽生春梢开花以后。初期新根生长数量较小，至夏梢抽生前，新根大量发生，形成第一次生长高峰。此次发根量最多。第二次生长高峰，常在夏梢抽生后，发根量较少。第三次生长高峰在秋梢停止生长后，发根量较多。

脐橙根系吸收水分和养分，供地上部叶片进行光合作用，而叶片制造的有机营养物质输送至根部，供根系生长进行呼吸作用，产生能量，用于维持正常的生理过程。因此，根系生长与枝梢生长不能同时进行，而是交替进行。但根的停止生长不像枝梢停止生长那样明显，只要温度适宜，周年均可生长。就脐橙树体而言，有机物质与内源激素的积累状况是根系生长的内因；就外界环境来说，冬季低温和夏季高温、干旱，是促成根系生长低潮的主要外因。

根群生长的总量，取决于地上部分输送的有机营养的数量。在树势弱，枝叶营养生长不良，或因开花结果过多，消耗大量养分，地上部输送至根部的养分不足时，都会影响根系的生长。

第三节　芽的特性

脐橙的芽，是枝、叶、花等的原始体。枝、叶、花都由芽发育而成。着生在枝条顶端的芽称顶芽；着生于叶腋间的芽称为腋芽或侧芽。芽是适应不良外界环境条件的一种临时性器官，它与种子具有相似的特性。芽具有生长结果、更新复壮及繁殖新个体的作用。脐橙极易发生芽变，生产上可利用芽变来繁育脐橙新品种。如美国纽荷尔脐橙就是由华盛顿脐橙的芽变而产生的。

一、复芽的特性

脐橙的芽是复芽，即在一个叶腋内，着生数个芽。但外观上不太明显，其中最先萌发的芽称为主芽，其余后萌发或暂不萌发的芽，称为副芽。生产上可利用脐橙复芽的特性，在萌芽期抹除先萌发的芽(梢)，让其抽生更多的新梢，或抹除零星抽发的新梢，待整齐抽梢后，统一放梢，这就是通常所说的抹芽放梢(图 1-3)。

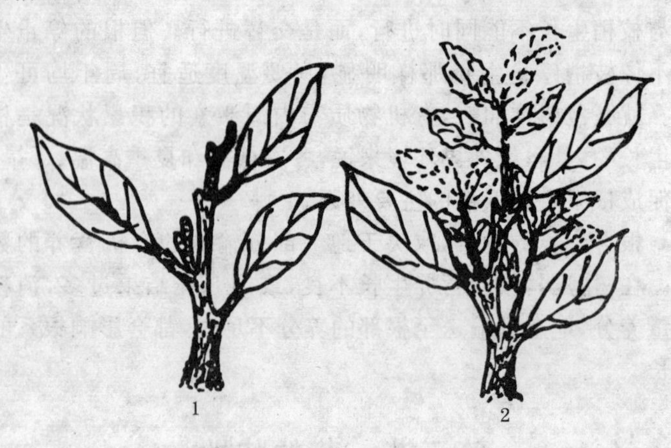

图 1-3 抹芽放梢

1. 抹芽前 2. 抹芽后放梢

二、芽的早熟性

脐橙树当年生枝梢上的芽，当年就能萌发抽梢，并连续形成二次梢或三次梢(图 1-4)。这种状况称为芽的早熟性。芽的早熟性使脐橙一年抽生 2～4 次梢。生产上利用芽的早熟性和一年多次抽梢的特点，在幼树阶段对春梢留 5～6 片叶、夏梢留 6～8 片叶后进行摘心，可使枝梢老熟，芽体提早成熟，提早萌发，缩短一次梢生长时间，多抽一次梢，增加末级梢的数量，有利于扩大树冠，使幼树尽早成形，尽早投产。

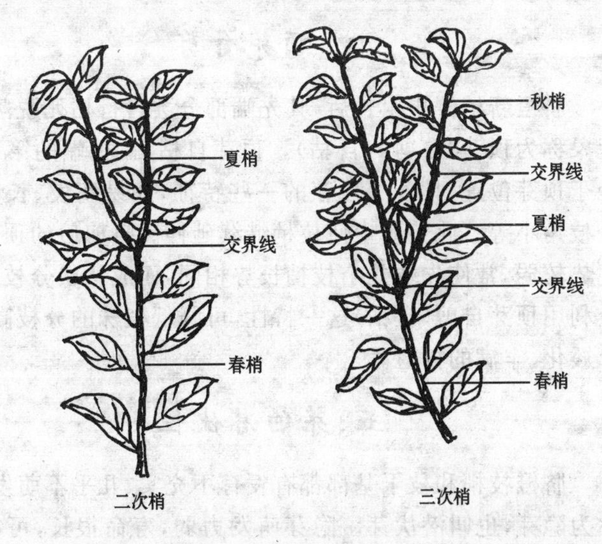

图 1-4　当年抽生的二次梢和三次梢

三、芽的异质性

芽在发育过程中，因枝条内部营养状况和外界环境条件的差异，同一枝条不同部位的芽存在着差异，这种差异称为芽的异质性。如早春温度低，新叶发育不完全，光合作用能力弱，制造的养分少。这时枝梢的生长，主要依靠树体上一年积累的养分。这时所形成的芽，发育不充实，常位于春梢基部，而成为隐芽。其后，随着温度的上升，叶面积增大，叶片数增多，新叶开始合成营养，养分充足，从而逐渐使芽充实。故脐橙枝梢中、下部的芽较为饱满，而枝梢顶部的芽，由于新梢生长到一定时期后顶芽自剪(自枯),侧芽(腋芽)代替顶芽生长,故最后生长的腋芽较为饱满。生产上利用脐橙芽的异质性,通过短截枝梢,促其中、下部发芽,增加抽枝数量,尽快扩大树冠。

四、顶芽自剪

脐橙新梢停止生长后,其先端部分会自行枯死脱落,这种现象称为顶芽"自剪"(自枯)。顶芽自枯后,梢端的第一侧芽处于顶芽位置,具备了顶芽的一些特征,如易萌发、长势强和分枝角小等。此芽萌生使枝梢继续延伸。自剪后的顶芽顶端优势较弱,常使先端几个枝梢长势相同,而成丛状分枝。生产上利用顶芽自剪(自枯)这一特性,可降低植株的分枝高度,培育矮化、丰满的树冠。

五、芽的潜伏性

脐橙枝梢和枝干基部都有发育不充实、几乎不萌发的芽,称为隐芽,也叫潜伏芽。隐芽萌发力弱,寿命很长,可在树皮下潜伏数十年不萌发,只要芽位未受损伤,隐芽就始终保持发芽能力,且一直保持其形成时的年龄和生长势。枝干年龄愈老,潜伏芽的生长势愈强。在枝干受到损伤、折断或重缩剪等刺激后,隐芽即可萌发,抽生具有较强生长势的新梢。生产上可利用脐橙芽的潜伏性,对衰老树或衰弱枝组进行更新复壮修剪(图 1-5)。

第四节　枝的特性

脐橙植株的枝,又称梢,由芽抽生、伸长发育而成。枝梢的主要功能是输导和贮藏营养物质。枝梢幼嫩时,表面有叶

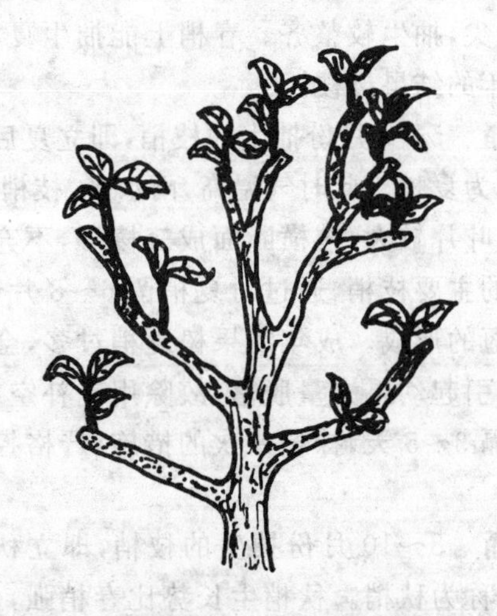

图 1-5　衰老树利用隐芽更新复壮

绿素和气孔，能进行光合作用，直至表皮和内部的叶绿素消失，外层木栓化才停止。脐橙枝梢由于顶芽自枯，而成丛状分枝，易造成成年脐橙树树体郁闭，影响通风透光。在生产上，对成年脐橙树加强栽培管理，合理修剪，改善树体通风透光条件，减少树体无效消耗，保证树体营养生长健壮，以达到"高产、优质、高效"的栽培目的。

一、枝的种类

脐橙树的枝梢，一年可抽生 3～4 次。其分类情况如下：

（一）按抽生季节分类

依抽生的季节，枝条可划分为春梢、夏梢、秋梢和冬梢。

1. 春　梢　2～4 月份抽生的枝梢，即立春后至立夏前抽发的枝梢，称为春梢。此时气温较低，光合产物少，枝梢的抽生主要是利用树体上一年贮藏的养分。所以，春梢节间短，叶片较小，先端尖，抽生较整齐。春梢上能抽生夏梢和秋梢，也可能成为翌年的结果母枝。

2. 夏　梢　5～7月份抽生的枝梢，即立夏后至立秋前抽发的枝梢，称为夏梢。此时气温高，雨水多，枝梢生长快，故夏梢长而粗壮，叶片较大，枝横断面成三棱形，不充实，叶色淡。夏梢是幼树的主要枝梢，通过对夏梢留6～8片叶摘心，可以加快幼树树冠的形成。成年结果树夏梢过多，会加重梢与果之间的矛盾，引起幼果大量脱落，故除用于补空补缺树冠外，还可采取每隔3～5天，抹梢一次的措施，严格控制夏梢的抽生。

3. 秋　梢　8～10月份抽生的枝梢，即立秋后至立冬前抽发的枝梢，称为秋梢。秋梢生长势比春梢强，比夏梢弱，枝梢横断面成三棱形。叶片大小介于春梢和夏梢之间。8月份发生的早秋梢，均可成为优良的结果母枝。在江西赣南地区，9月20日前抽生的秋梢都可以老熟，形成结果母枝。而9月20日以后抽生的秋梢为晚秋梢，因气温低，枝叶生长不充实，不能形成花芽，成不了结果母枝，还会遭受潜叶蛾的危害，造成落叶。故对9月20日以后抽生的枝梢，应严格控制或抹除。

4. 冬　梢　立冬以后抽生的枝梢，称为冬梢。在肥水条件好，冬季温度高的地区，如江西赣南南部地区，脐橙还可抽发冬梢。在生长旺盛的幼树上抽发冬梢较多。在生产上可以利用冬梢，使幼树尽早成形，扩大树冠。在成年树上，冬梢的抽生会影响夏、秋梢养分的积累，应严格控制。

(二)按枝梢性质分类

依照枝梢的性质，脐橙的枝梢可划分为生长枝、结果母枝和结果枝(图1-6)。

1. 生长枝　凡当年不开花结果或其上不形成混合芽的枝

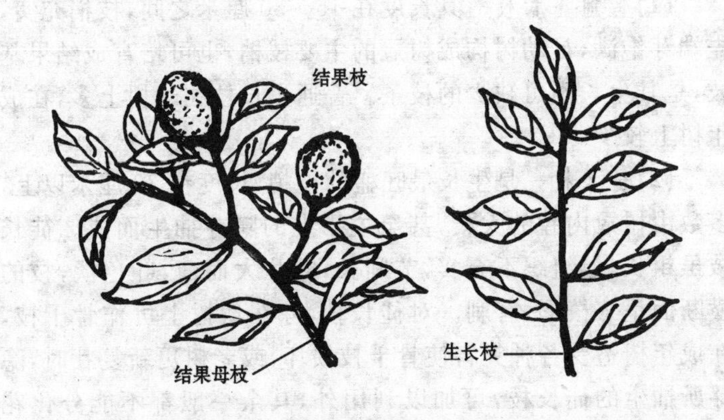

图 1-6　生长枝、结果母枝和结果枝

梢，都为生长枝。根据生长枝长势的强弱，又细分为普通生长枝、徒长枝和纤细枝（图 1-7）。

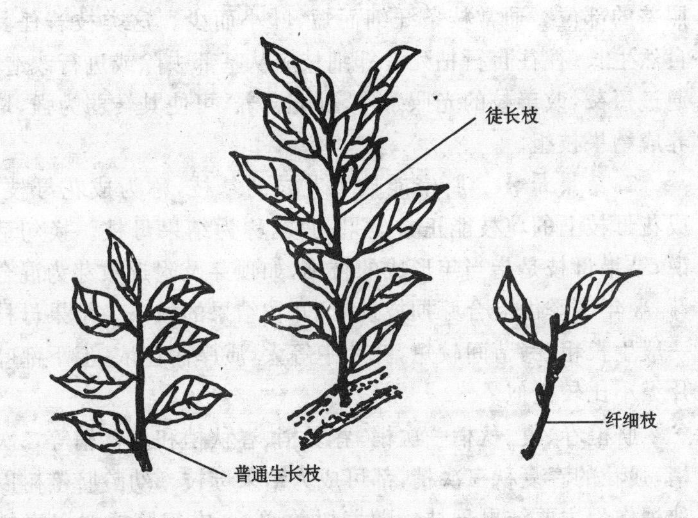

图 1-7　普通生长枝、徒长枝和纤细枝

(1)普通生长枝　其长度在15～30厘米之间，枝梢充实，先端芽饱满，是幼树构成树冠的主要枝梢，也可培育成结果基枝，是其生长不可缺少的枝条。普通生长枝在幼树上多，在成年树上较少。

(2)徒长枝　是生长最旺盛的枝梢，长度在30厘米以上，多数由树冠内膛的大枝，甚至主干上的隐芽抽生而成。徒长枝虽粗长，但组织不充实，节间长，叶片大而薄，叶色淡，枝的横断面呈三棱形，有刺。对徒长枝，除在幼树上可作骨干枝，在成年树遭受各种灾害使骨干枝损坏，或老树更新复壮时，隐芽所抽生的徒长枝，可加以利用外，其余一般都不能分化花芽，可视其为无用枝，应尽早自基部去除，以减少树体养分的消耗。

(3)纤细枝　多发生在树势衰弱植株的内膛及中下部光照差的部位。通常枝条纤细而短，叶小而少。这类枝若任其自然生长，往往自行枯死。纤细枝应从基部去除或进行改造。通过短截，改善枝的光照条件，补充营养，可使其转弱为强，培养成结果枝组。

2. 结果母枝　脐橙能抽生花枝的基枝，称为成花母枝。成花母枝上的花枝能正常坐果的枝，称为结果母枝。换句话说，结果母枝是指当年形成的枝梢，如顶芽及附近数芽为混合芽，翌年春季由混合芽抽枝发叶、开花结果的枝条。结果母枝一般生长粗壮，节间较短，叶片中等大，质厚而色浓，上下部叶片大小比较近似。

脐橙春、夏、秋梢一次梢，春夏梢、春秋梢和夏秋梢等二次梢，强壮的春夏秋三次梢，都可成为结果母枝。幼龄脐橙树以秋梢作为主要结果母枝。随着树龄增长，成年脐橙树以春梢作为主要结果母枝。春梢母枝，以5～15厘米为最佳结果母枝长度；秋梢母枝，以 10～15 厘米为适宜长度。过长的枝梢反而不易形成结果母枝。结果母枝粗度以直径为 0.4 厘米左右的坐果较稳。结果母枝上的叶片数，以 6～11 片叶为最佳，其坐果率达 65.02%。通过修剪，可以减少结果母枝的数量，减少结果枝，促发营养枝，从而调节生长与结果的关系。

结果母枝的着生姿态不同，其上抽生的结果枝的坐果率也有差异。通常，斜生状态的结果母枝所抽生的结果枝，坐果率最高；水平母枝次之；下垂母枝和直立母枝相近，坐果率均较低。故幼龄结果树，可通过拉枝整形，培养开张树冠，提高早期产量。

3. 结果枝 凡当年开花结果或其上形成混合芽的枝条，都为结果枝。通常由结果母枝顶端 1 芽或附近数芽萌发而成，但均表现为 1～2 个节位（母枝顶端为第一节）抽生结果枝能力最强，以下节位抽生结果枝能力依次减弱。集中分布在 1～4 节位。根据结果枝上叶片的有无，可细分为有叶结果枝和无叶结果枝（图 1-8）。

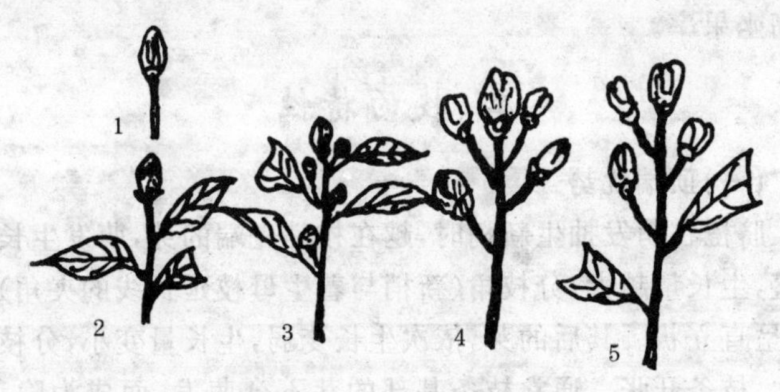

图 1-8 结果枝的类型

1. 无叶顶单花枝 2. 有叶顶单花枝 3. 腋花果枝 4. 无叶花序枝 5. 有叶花序枝

(1)有叶结果枝　花和叶俱全，多发生在强壮的结果母枝上部，长 1～10 厘米，花着生在顶端或叶腋间，当年结果以后，翌年又能抽生营养枝。通常为有叶顶单花枝、有叶腋生花枝和有叶花序枝。

(2)无叶结果枝　有花无叶，多发生在瘦弱的结果母枝上，结果枝退化短缩，略具叶痕，当年花果脱落后，则多枯死。通常为无叶顶单花枝和无叶花序枝。

不同种类的结果枝，结果能力是不同的。脐橙有叶花枝结果能力最强，占结果总量的 90%以上。无叶花枝坐果能力最差，其结果量不到 10%。在有叶花枝中，又以腋生花枝坐果能力最强，占 47.89%；顶单花枝次之，占 44.36%；丛生花枝最差，只占 7.75%。腋生花枝所结果实，果形高桩，脐小，不易裂果，果实品质较好。

有叶结果枝的坐果率高于无叶结果枝。生产上可通过短截、缩剪部分结果母枝、衰弱枝组、落花落果枝组，减少非生产性消耗，促发健壮的营养枝，增加有叶花枝数，减少无叶花枝，提高坐果率。

二、枝的特性

(一)顶端优势

脐橙在萌发抽生新梢时，越在枝梢先端的芽，萌发生长越旺盛，生长量越大，分枝角(新梢与着生母枝延长线的夹角)越小，呈直立状。其后的芽，依次生长变弱，生长量变小，分枝角增大，枝条开张。通常枝条基部的芽不会萌发，而成为隐芽。这种顶端枝条直立而健壮，中部枝条斜生而转弱，基部枝条极少抽生而裸秃生长的特性，称为顶端优势。形成顶端优势的主要原因，是由于顶芽中的生长素对下面的侧芽有抑制作用，同时，顶端芽的营养条件好，处于枝条生长的极性位置，能优先利用树体的养分。顶端优势的特性，一方面使顶部的强壮枝梢向外延伸生长，扩大树冠，枝叶茂盛，开花结果；另一方面，使中部的衰弱枝梢，逐渐郁闭，衰退死亡，并使枝条光秃，造成内膛空虚，使无效体积增加，生产能力下降。生产上利用枝梢顶端优势的特性，在整形时将长枝摘心或短截，其剪口处的芽成为新的顶芽，仍具有顶端优势，虽不及原来的顶端优势旺盛，但中下部甚至基部芽的抽生，缩短了枝条光秃部位，使树体紧凑，无效体积减小，逐步实现立体结果和增产。

脐橙枝条生长姿态不同，其生长势和生长量也不同。一般直立枝生长最旺，斜生枝次之，水平枝更次之，下垂枝最弱，这就是通常所说的垂直优势。其主要原因是由于养分向上运输，直立枝养分流转多的缘故。幼树整形时，常利用这一特性来调节枝梢的长势，抑强扶弱，平衡各主枝的生长势。

(二)干性和层性

干性，是指中心干的强弱和维持时间的长短。层性指树干主枝成层状分布的性状。它是由于顶端优势和不同部位芽的质量差异，每年自树干顶端抽生强壮的、直立向上的中心干，顶端以下的侧芽，则抽生斜生的主枝，再往下的芽潜伏不发，这样年复一年，树干上的主枝便成层状分布，形成明显的层次，即为层性。

脐橙树干性弱，层性不明显，故生产上宜采用自然圆头形树冠。

第五节　叶的特性

脐橙属于常绿性果树，秋冬叶片仍为绿色。叶片主要功能是进行光合作用，合成有机物质，使之成为脐橙的有机养分。叶片也是贮藏养料的主要器官，它所贮存的养料，是早春萌芽、开花的主要养料来源。叶片背面具有大量的气孔。气孔除了供叶片与外界环境进行气体交换外，还具有吸收肥液的功能。气孔的蒸腾作用，增强了根系的吸收功能，是脐橙树体吸收、传导水分和无机盐营养的主要动力。有了蒸腾作用的散热过程，也保证了叶片在烈日下不会因温度过高而受到伤害。

一、叶片的形态

脐橙叶片为单身复叶，叶身与翼叶之间有节（图 1-9）。叶片的大小和形态，因品种、发生时间和管理水平的不同而差异显著。春梢叶片长椭圆形，先端较尖。这是区别夏、秋梢叶片的重要标志。其质地较夏梢薄而较秋梢厚。翼叶在三种枝梢叶片中最窄，叶柄基部肥大。夏梢叶片在三种枝梢叶片中最为阔大而肥厚，叶色浓绿。秋梢叶片似夏梢的叶片，但稍小，色也较淡，质地在三种枝梢叶片中最薄。

图 1-9 脐橙的叶片（单身复叶）

二、叶片的生理功能

脐橙的叶片具有光合作用、蒸腾作用、吸收作用和贮藏作用等生理功能。

（一）光合作用

脐橙叶片中含有叶绿素，它利用光能把水和二氧化碳合成糖，把糖再转化为各种有机物质，使之成为脐橙的有机养分。因此，叶片是进行光合作用的主要场所，其主要功能就是进行光合作用，其光合产物主要是葡萄糖、蛋白质、淀粉和脂肪等有机营养物质，90％的有机营养物质是叶片制造的。这些有机营养物质，一部分被树体的呼吸作用所消耗，大部分被用于形成新的枝、叶、根、花及果实，多余的被转运至根系、叶片和枝干中贮藏起来，作为春季树体萌芽、开花、坐果和新梢生长的主要营养物质。叶片色泽不同，光合作用的强弱也不同。未转绿的嫩叶光合作用较弱，转绿后的叶片光合效能逐步增强，成熟的绿叶光合作用最强。老叶的光合效能不如新叶。在高温干旱季节，土壤灌水和对叶面喷水，都能提高叶片的光合效能，保护叶片正常生长，防止过早脱落。因此，在脐橙栽培过程中，迅速扩大叶面积和树冠，提高叶片质量，增强光合效能，同时，加强病虫害的防治，防止异常落叶，延长功能叶的寿命，对于提高产量，达到优质高效的栽培目的，具有极为重要的作用。

(二)蒸腾作用

蒸腾作用，是树体地上部以水蒸气状态，向外界散失水分的过程。蒸腾作用本身就是一个能量的消耗过程。由于其产生蒸腾拉力，帮助根系吸收水分和养分，增强了根系的吸收功能，因而蒸腾作用成为脐橙树体吸收、传导水分和无机盐营养的主要动力。有了蒸腾作用的散热过程，就保证了叶片在烈日下不会因体温过高而受到伤害。高温干旱季节，在果园地面上覆盖一层10～15厘米厚的稻草，或杂草、秸秆等，可减少土壤水分蒸发，起到保墒的作用，并可降低土壤地表的温度，达到降温保湿的目的。覆盖物应离根颈10～15厘米远，以免覆盖物发热灼伤根颈。夏季覆草后，地面水分蒸发量可减少

60%左右，土壤湿度相对提高3%～4%左右，地面温度降低6℃～15℃。对未封行的幼龄脐橙园采用树盘覆盖后，节水抗旱效果显著。

（三）吸收作用

脐橙叶片叶背具有大量的气孔。气孔除了用于叶片与外界环境进行气体交换外，还具有吸收的功能，无机或有机营养物质可通过气孔而被叶片吸收。叶片背面的气孔多于叶片正面的气孔数，通常叶片背面的气孔数是正面气孔数的2～3倍。因此，在进行叶面施肥时，应着重喷施叶背，以提高肥料的利用率。叶面肥的喷布浓度不宜过高，尤其是生长前期枝叶幼嫩时，应使用较低浓度的肥液；后期枝叶老熟，浓度可适当加大，但喷布次数不宜过多。如尿素使用浓度为0.2%～0.4%，连续使用次数较多时，会因尿素中含缩二脲而引起中毒，使叶尖变黄，这样反而有害。

（四）贮藏作用

脐橙叶片除了进行光合作用，制造有机养料外，还具有贮藏养料的功能。脐橙叶片可贮藏树体40%的养料。其中主要是氮素和大量的碳水化合物，它们是脐橙生命活动中至关重要的营养“源”。所以，叶片的大小和厚薄，色泽的深浅，是脐橙树体健壮与否的重要标志之一。脐橙叶片的寿命一般为17～24个月，最长可达36个月。正常落叶主要发生在春季春梢叶片转绿前后，多为树冠下部老叶片自叶柄基部脱落，脱落时叶片有56%的氮素可回流树体被再利用。叶片这种将养分转移至树干或根内后的自行脱落，属于正常的生理现象。异常落叶，如外伤、虫害、药害和干旱造成的落叶，都是叶身先落，后落叶柄。过早落叶时，叶片中的养分来不及转移而被丢失，造成冬季贮藏营养不足。叶片早落对脐橙树体生长、结果和越冬极为不利，直接影响到来年的产量。若脐橙树体的落叶发生在花芽分化之前，则翌年春季萌芽抽梢时，无开花现象；若脐橙树体落叶发生在花芽分化之后，则翌年春季萌芽抽梢时，树体开花早，开花数量多。因此，在脐橙栽培中，迅速扩大树冠，增加叶面积，提高叶片质量，增强光合效能，保护叶片正常生长，防止过早脱落，延长叶片寿命，使树体具有足够的贮藏养料，对脐橙生产至关重要。

(五)呼吸作用

脐橙叶片除了具有光合作用制造有机养料外，还具有呼吸作用。呼吸作用产生大量的能量，满足脐橙一切生理活动的需要。如细胞的分裂、生长和分化，有机物的合成、转化和运输，矿物质的吸收和转移，脐橙的生长和发育等，都需要呼吸作用提供能量。

三、叶片的生长

脐橙叶片的生长，与各次新梢的抽生是一致的。随着新梢的生长，叶片逐渐长大，光合作用加强，直到新梢老熟后，叶片停止生长。一年中以春季叶片发生最多，其次是夏季和秋季。叶片的寿命长，一般生长在结果枝上的叶片，寿命可达15个月左右，而生长在直立强壮的外部枝上的叶，寿命可达24～36个月。2年以上的老叶，则易因干旱而干枯。其原因是由于老叶的气孔在干燥的气候下，不如幼树叶片的气孔容易关闭，所以水分不易调节，因而容易落叶。但一年中以春季新叶长出后老叶脱落较多，树势健壮的较衰弱的落叶少而慢。

叶片的生长和制造养分，都需要有适当的光照。光照强，叶色浓绿，光合作用强。不同龄期的叶片，光合作用的强弱是不同的。未转绿的嫩叶光合作用较弱，转绿后的叶片光合效能逐步增强，成熟的绿叶光合作用最强。老叶的光合效能不如新叶。若树冠郁闭，光照不足，叶片生长不良，光合效能低，内部枝梢由于同化量显著降低，因而往往枯死。所以，在对脐橙进行整枝修剪时，应注意保持树冠内部通风透光。

叶片蒸腾作用所产生的蒸腾拉力，能帮助根系吸收水分和养分，增强根系的吸收功能。所以，叶片的蒸腾作用与根的吸收功能密切相关。夏、秋季干旱时，叶片因蒸腾作用过强，失水过多，会造成叶片内卷。严重时，叶柄产生离层而脱落。因此，夏、秋季节要注意防止旱害。同时，叶片有了蒸腾作用，水分通过叶片气孔，以水蒸气的状态向外界散失，可起到降温的作用。叶片有了蒸腾作用的散热过程，可保证叶片在烈日下，不会因夏季体温过高而使脐橙树体受到伤害。高温干旱季节，在果园地面上覆盖一层 10～15 厘米厚的稻草、杂草和秸秆等，可减少土壤水分蒸发，起到保墒的作用，并可降低地表的温度，达到降温保湿的目的。对未封行的幼龄脐橙园采用树盘覆盖后，节水抗旱效果显著。

叶片既是有机营养贮藏库，也是幼果发育营养物质供应源。在幼果发育初期，阴雨天气多，光照严重不足，光合作用差，制造有机养料少，呼吸作用消耗有机营养多，幼果发育营养不足，造成大量落果，极易产生花后不见果的现象。因此，叶幕厚，叶色浓绿，但不徒长，对树体的生长发育极为有利。

第六节　开花结果习性

生产上栽种的脐橙，几乎都是嫁接树，即通过嫁接繁殖的苗木。嫁接树从接穗发芽到首次开花结果前，为营养生长期，通常为 2～3 年。对其进行调控促花处理，则只需 2 年就能开花。因为嫁接树的接穗是来自于阶段性已成熟、性状已固定的成年树上的成熟枝条的枝芽，这种接穗具有稳定的优良性状，既能保持原有品种的优良特性，又能提早开花结果。

脐橙的开花结果习性，包括花芽分化、开花与结果。

一、花

脐橙的花为完全花。发育正常的花，由花萼、花冠、雄蕊、雌蕊及花盘等部分构成(图 1-10)。

(一)花　萼

萼片宿存，深绿色，成杯状，紧贴在花冠基部。萼片先端突出，成分裂状，有 3～6 裂(通常为 5 裂)。

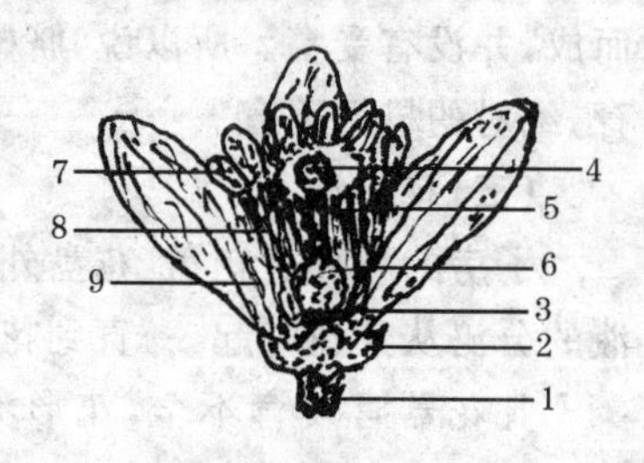

图 1-10　脐橙的花

1. 花梗　2. 萼片　3. 蜜盘　4. 柱头　5. 花柱　6. 子房　7. 花药　8. 花丝　9. 花瓣

(二)花　冠

花冠有 4～6 个花瓣，通常为 5 瓣。花瓣较大而厚，白色，革质，成熟时反卷，表面角质化，有蜡状光泽。

(三)雄　蕊

雄蕊普遍为 15～30 枚。花丝通常 3～5 个在基部联合。雄蕊发育不正常，属于花粉败育型雄性不育，在植物学上是绝对的雄性不育。

(四)雌　蕊

雌蕊柱头较大，而柱头上的表皮细胞则分化为乳头状突起的单细胞毛茸，能分泌黏液，有利于受粉和花粉发芽。

脐橙子房上位，但它不是直接着生在花托上，而是着生在花托上面的一个叫做蜜盘的特殊组织上。心室 10～12 个。

由于脐橙有不育的特性，所以绝大多数心室由于靠近中心柱一侧的薄壁细胞不能继续分化，随之逐步退化，因而极少成为胚珠。有的珠心和珠被发育很正常，但胚囊母细胞在发育途中很早就不分裂，逐渐萎缩，细胞质退化；有的胚囊母细胞分裂到四个大孢子阶段时退化；也有的四个大孢子中个别孢子形成胚囊，发育成胚珠。这样的胚珠，可以同外来健全花粉受精，形成种子，产生杂种实生苗，但这种机会太少。除去有核系外，大多数脐橙种子都是受外来花粉的刺激由珠心胚发育而成，并没有受精。所以说，脐橙在植物学上是相对的雌性不育，绝对的雄性不育。

(五)花　盘

子房的下部有花盘，花盘外部具有蜜腺，能分泌蜜液。蜜液的分泌从开花时起，一直到花瓣脱落为止。

凡花器官发育不全，花形不同于正常花者，均称为畸形花。根据畸形花的形态特征，可分为露柱花、开裂花、扁苞花、小型含苞花、雌蕊和雄蕊退化花等类型(图 1-11)。

脐橙正常花坐果率高。其畸形花坐果率很低，除极少数露柱花能坐果外，其他几乎都不能坐果。

二、花芽分化

(一)花芽分化过程

花芽形成的过程就是花芽分化，从叶芽转变为花芽、通过解剖识别起，直到花器官分化完全止的这段时期，称为花芽分化期。脐橙开始花芽分化需要一定的营养物质做基础，故枝梢上的花芽分化要待枝梢停止生长后才能开始。花芽分化又划分为生理分化和形态分化。脐橙花芽的形态分化分为六个阶段(图 1-12)。

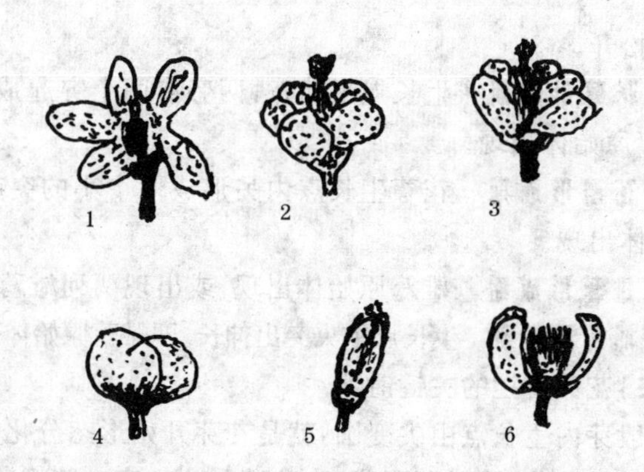

图 1-11　脐橙的正常花和畸形花(2～6)

1. 正常花　2. 露柱花　3. 开裂花　4. 扁苞花　5. 小型花　6. 雌蕊退化花

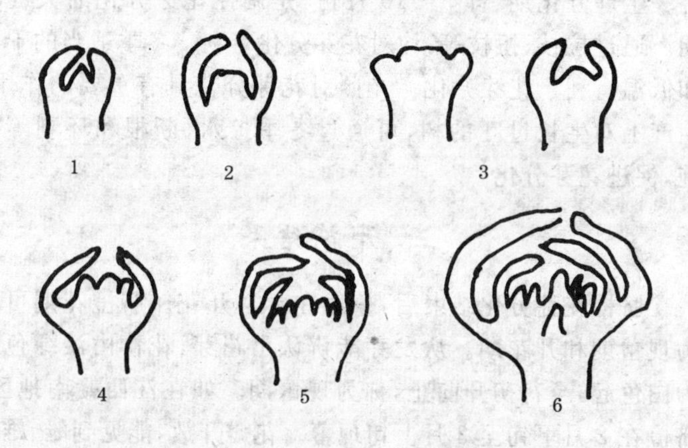

图 1-12　脐橙花芽分化模式

1. 叶芽期(未分化期)　2. 分化初期(开始分化期)

3. 萼片形成　4. 花瓣形成　5. 雄蕊形成　6. 雌蕊形成

1. 未分化期　生长点突起，窄而尖，鳞片紧包。

2. 开始分化期　生长点开始变平，横径扩大并伸长，鳞片开始松开。

3. 花萼形成期 生长点平而宽，两旁有两个突起成“凹”形，花萼原始体出现。

4. 花瓣形成期 花萼生长点内另形成两个小的突起，花瓣原始体出现。

5. 雄蕊形成期 雄蕊原始体出现，或出现两列雄蕊。

6. 雌蕊形成期 生长点中央突出伸长，即雌蕊原始体出现。

(二)花芽调控的关键时期

一般芽内生长点由尖变圆，就是花芽开始形态分化，在此以前为生理分化，到雌蕊形成，为花芽分化结束。脐橙花芽分化期通常从 11 月份至次年的 3 月份。

生理分化期，即 9～10 月份，是调控花芽分化的关键时期。通过拉枝、扭枝等，均对花芽分化有利。冬季适当的干旱和低温有利于花芽分化。光照对花芽分化具有重要的作用。生产上对生长过旺的树，可通过冬季控水、断根和环剥等措施，促进花芽分化。

三、开花结果

脐橙花芽分化结束后，一般在春季开花。脐橙花期可分为现蕾期和开花期。从发芽能辨认出花芽，花蕾由淡绿色转为白色起，至花初开前止，称为现蕾期。如在江西赣南地区，脐橙在 2 月下旬至 3 月上旬现蕾。花瓣开放，能见到雌、雄蕊时，称为开花期。如在江西赣南地区，脐橙在 4 月上中旬开花。开花期又按开花的量分为初花期、盛花期和谢花期。一般全树有 5％的花量开放时，称为初花期；25％～75％的花量开放时，称为盛花期；95％以上花瓣脱落时，称为谢花期。由于气候的变化，个别年份开花期会提前或推迟 5～7 天。

脐橙能自花授粉，因花粉败育（图 1-13），不能形成合子而成为无核橙。

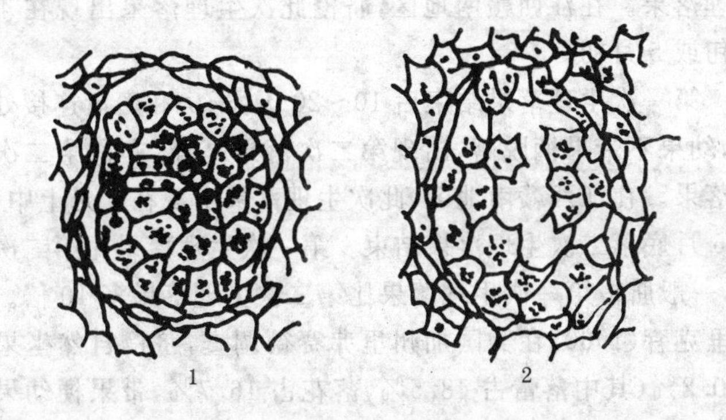

图 1-13　脐橙花粉母细胞早夭现象

1. 发育正常的花粉母细胞　2. 脐橙花粉母细胞早夭

第七节　落花落果特性

脐橙花量大，落花落果现象严重。正常的落花落果，是树体自身对生殖生长与营养生长的调节，对维持树势起着很重要的作用。但是，落花落果过多，则直接影响坐果率，对产量和树势造成不利的影响。脐橙落花落果从花蕾期便开始，一直延续至采收前。根据花果脱落时的发育程度，脐橙整个落花落果期，可分为四个主要阶段，即落蕾落花期、第一次生理落果期、第二次生理落果期和采前落果期。

脐橙落蕾落花期从花蕾期开始，一直延续到谢花期，持续 15 天左右。通常在盛花期后 2～4 天，进入落蕾落花期。在江西省赣南地区，脐橙生理落蕾落花期在 3 月底至 4 月初。盛花期后一周，为生理落蕾落花高峰期。谢花后 10～15 天，往往子房不膨大或膨大后就变黄脱落，出现第一次生理落果高峰。此时在果柄的基部断离，幼果带果柄落下，亦称第一次生理落果。在江西赣南地区，脐橙此次生理落果出现在 4 月下旬或 5 月初。

第一次生理落果结束后 10～20 天，子房和蜜盘连接处断离，幼果不带果柄脱落，出现第二次落果高峰，亦称第二次生理落果。在江西赣南地区，此次生理落果出现在 5 月上中旬，至 6 月底第二次生理落果结束。第一次生理落果比第二次严重，一般脐橙第一次生理落果比第二次生理落果多 10 倍。据埃里克森(1960)在美国加州里弗赛德调查，脐橙自然坐果率仅 0.2%(其中落蕾占 48.5%，落花占 16.7%，带果梗幼果脱落占 31.4%，自蜜盘处脱落幼果占 3.4%)，即脐橙 500 朵花中，只能采收到 1 个果实。在我国江南的一些脐橙产区，通常情况下，其自然坐果率也只有 0.2%～0.7%。在江西赣南地区，华盛顿脐橙落果严重，罗脐落果次之，但朋娜、纽荷尔脐橙坐果率较高。据江西寻乌县园艺场观察，朋娜脐橙自然坐果率为 1.49%，纽荷尔脐橙为 1.44%，罗脐为 0.6%，华盛顿脐橙仅为 0.1%。

脐橙果实在成熟前还会出现一次自然落果高峰，称采前落果。是脐橙因脐黄、裂果引起的夏秋落果，约使单株着果数减少 2～3 成，特别是在气候异常的高温年份，此次的脐橙果实脱落率高达 30%以上。因此，夏、秋季落果损失的产量仍不可忽视。

第八节　果实生长发育特性

脐橙果实的生长发育，是从谢花后 10～15 天子房开始膨大，幼果发育，直到果实成熟为止。脐橙果实生长发育具体时间的长短，因脐橙品种的不同而不同。早熟脐橙品种，如清家脐橙和朋娜脐橙，其果实在 10 月底至 11 月初成熟，果实发育期为 180～200 天；中熟脐橙品种，如纳维林娜脐橙和纽荷尔脐橙，其果实在 11 月份成熟，果实发育期为 200～220 天；晚熟脐橙品种，如晚脐橙，其果实在 12 月中下旬成熟，果实发育期为 220～240 天。

脐橙果实成熟期的迟早，除了取决于品种本身的遗传性外，还与其他因素有关系。如同一品种，其果实在山地比在平地成熟早；成年树比幼年树成熟早；适当的干旱可使果实提早成熟等。

一、果实的形态及结构

脐橙的果实为柑果，由子房受精核受刺激，不断生长发育而成。

其果实着生在结果枝上，由果柄连接，萼片紧贴果皮，果柄与萼片连接处称果蒂。果蒂由萼片、花盘和果柄所构成。相对应的一端花柱凋落后留有柱痕的部分，称为果顶。果顶上长有"脐"，即次生果，是分化不够完全的"小果"。果顶的两旁称上果肩，果蒂的两旁称下果肩（图 1-14）。果蒂到下果肩部之间叫颈部，常有放射状沟纹或隆起。花柱凋落后，在果顶上留有柱痕，柱痕周围有印环。果面散生许多油胞点，油胞内含有多种香精油。多个油胞点汇集的地方称凹点。

果实横切面直径称横径，果实纵切面长轴称纵径（图 1-15）。纵径与横径之比称果形指数。脐橙果实的外形有扁圆形、椭圆形、短椭圆形、圆球形和长椭圆形等。脐橙果实的大小、形状和色泽的差别，是脐橙不同品种和品系相区分的重要依据。

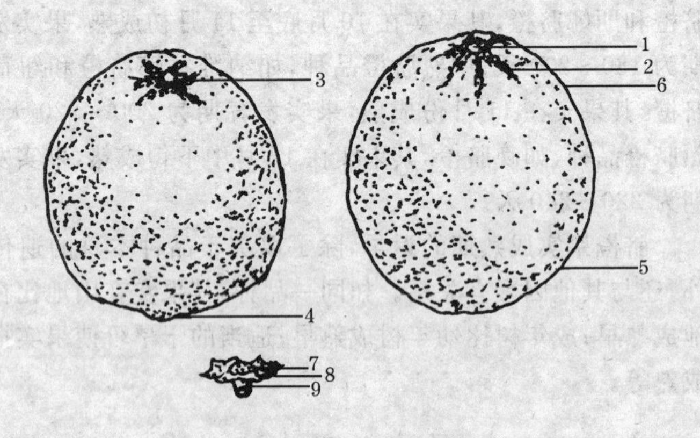

图 1-14　脐橙果实

1. 果柄　2. 萼片　3. 果蒂　4. 果顶　5. 上果肩
6. 下果肩　7. 花盘　8. 萼片　9. 果柄

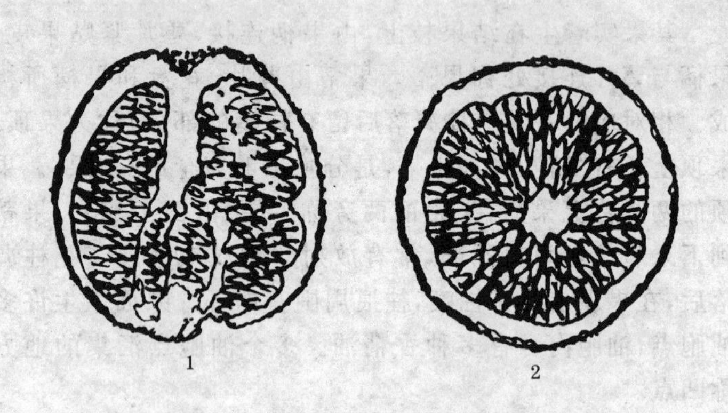

图 1-15　脐橙果实剖面图

1. 纵切面　2. 横切面

脐橙的果实由果皮、瓤囊、砂囊(汁胞)、种子和果脐等部分构成(图 1-16)。

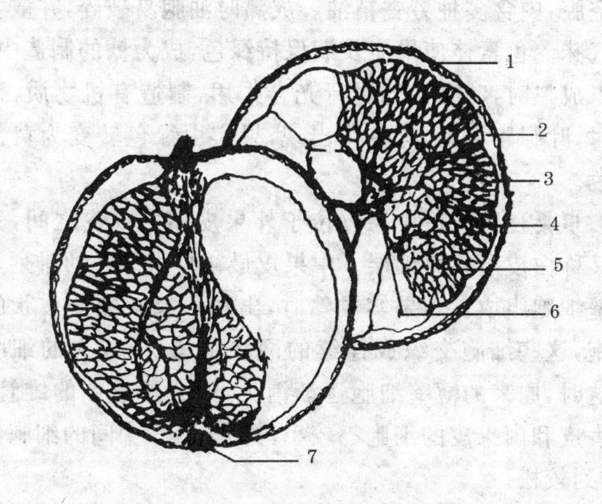

图 1-16　脐橙果实构造图

1. 外果皮(油胞层)　2. 中果皮(海绵层)　3. 内果皮(瓤囊)　4. 汁胞　5. 瓤囊　6. 中心柱　7. 果脐

(一)果　皮

脐橙的果皮分为外果皮、中果皮和内果皮。子房的外壁，发育成果实的外果皮，即油胞层(色素层)；子房的中壁，发育为中果皮，即海绵层(白瓤层)；子房的心室，发育成瓤囊，瓤囊壁即是内果皮。

1. 外果皮　脐橙外果皮即表皮，由上表皮蜡质的蜡小板、角质层和表皮细胞构成。表皮细胞外壁角质化，细胞形状最初为多角形，后变为扁平，散布许多发育完全并稍凸出的气孔。气孔由一对保卫细胞组成，是果实进行呼吸作用的通道。表皮细胞的外部覆盖着一层蜡质，它具有保护作用。在表皮下有富含色素体的薄壁细胞，细胞排列紧密，紧贴薄壁细胞的是含油腺的油胞层，内有许多油胞和色素体。油胞亦称油腺，为一空腔，内含多种芳香精油。成熟时油胞易破碎，并散发出芳香气味。色素体使果实长期保持绿色，成为糖的制造中心。果实未成熟时，叶绿体能进行光合作用，制造有机物质，果实成熟时，叶绿素消失，有色体出现，果实由绿色转变为黄色或橙红色。

2. 中果皮　脐橙中果皮位于外果皮和内果皮之间，为白色。又称白皮层或海绵层。中果皮最初是由等径的排列紧密的薄壁细胞组成。当果实成熟时，出现不规则的分枝状的管状细胞，这些细胞交织成连续的网状结构，形成大的细胞间隙。这时，原来的薄壁细胞逐渐消失，形成了成熟的维管束。靠近表皮和内果皮的细胞都较小，排列较紧，中间的细胞体积大，排列较松。

中果皮具分生组织，果实发育初期，细胞呈多边形，排列紧密。到果实成熟时，中果皮变成海绵状组织。白皮层不但围绕果实周围，也存在于每两个瓤囊邻壁之间，并伸入果实中心，与果实中央的维管束一起组成中心柱。所以，中心柱不能看作内果皮。脐橙果实的中心柱较小，实心。

3. 内果皮　脐橙果实的内果皮，即是瓤囊壁(囊衣)。它是由纤维状细胞构成的。最初是排列紧密的单层细胞，以后与中果皮内几层细胞相连，延长加厚，构成一个薄壁，包裹着整个砂囊。

(二)瓤　囊

瓤囊由子房心室发育而成，通常为10～12瓣。瓤囊由瓤瓣壁和汁胞组成。瓤瓣壁外部为橘络。橘络是一层网状的维管组织，它们包围在内瓤瓣的外面。各个瓤瓣在果实内呈环状排列，其中间的髓部称为中心柱。中心柱由几条维管束及其周围的疏松海绵状组织构成，其中一些维管束连至种子，而另一些则伸向果蒂端。

谢花后由果皮内侧和砂囊原基的细胞不断分裂和增大成为砂囊(汁胞)，位于瓢瓣的内表面。由于不同的分生组织的膨大和伸长，形成了汁胞及汁胞柄，充满囊瓣的内部。砂囊为肉质囊状，具有丰富的果汁，是食用的主要部分。砂囊的发育程度与果实品质有关。砂囊内部都为薄壁细胞，这些薄壁细胞极易破碎，压出果汁。果汁主要为汁胞薄壁细胞内的液泡液，主要成分包括糖类、有机酸类、含氮物质以及维生素和矿物质。砂囊体为多细胞的组成物，内有球状的油腺组织，其中含有油质、蜡质和一些颗粒体。这些内含物的存在，是脐橙特殊风味的来源。

(三)种　子

种子，是由精子和卵子结合形成合子生长发育成的。脐橙因为花粉败育，不能形成合子而成为无核橙。

(四)果　脐

脐为次生果。它是由子房中心柱顶端冗生的第二轮心皮形成。有的整个脐包蔽在果皮内部，只在果顶部留下一个花柱脱落后的柱痕，叫“闭脐”；有的在果顶部凸出果皮，显而易见，叫“开脐”。不同种类的品种，其果脐的大小和形状均不同。如美国纽荷尔脐橙脐孔小，闭脐多；而朋娜脐橙的果脐形状大，开脐多。

二、果实生长发育阶段

脐橙果实自谢花后子房成长至成熟，时间较长，随着果实的增大，果实内部不断发生组织结构的生理变化，主要分为以下三个阶段：

(一)细胞分裂期

从子房发育至第一次生理落果结束，是细胞分裂期。此期雌蕊生成，即从子房原基的出现到子房的形成，细胞开始分裂。砂囊的原始细胞经分裂，结成小果后分裂更旺盛，直到全部瓤囊为砂囊所充实，砂囊细胞停止分裂，而转向砂囊细胞的增大。果皮细胞从开花时便开始分裂，此时迅速增厚。因此，这个时期的果实增大主要是果皮的增厚。可以这样说，此时果实的各部分已基本形成，细胞分裂期主要是靠果皮和砂囊的细胞不断进行分裂活动，以增大果体，实际上是细胞核数量的增加。

(二)果实膨大期

第一次生理落果结束后，细胞分裂就基本停止，果实各部分转向细胞膨大。到 6 月上中旬，果实膨大缓慢，主要是海绵层继续增厚，砂囊增大仍较慢。此后受精胚开始发育，是果实第一次膨大高峰，砂囊和海绵层细胞增大较快，生理落果即告结束。

7 月下旬至 8 月上旬，进入第二次膨大高峰，主要是砂囊内果汁增加，果皮海绵组织变薄。随着砂囊的迅速增大，进入第三次膨大高峰后，果实基本定型，以后增大不多，糖类和矿物盐等可溶性固形物逐步积累，果实渗透压增高，果汁量和果实重量增加。

(三)果实成熟期

果实组织发育基本完善，砂囊内的糖类、氨基酸和蛋白质等可溶性固形物迅速增加，酸含量逐渐下降。果皮叶绿素不断分解，胡萝卜素合成增多，并产生微量乙烯，使果皮逐渐着色，显现出各品种固有的色泽。组织逐步软化，果汁增加，果肉和果汁着色,果实进入成熟阶段。

脐橙的果顶长有“脐”,即次生果。次生果(脐)为子房中心柱顶端冗生的第二轮心皮,又分闭脐和开脐两种形态。脐橙次生果的发育为5～7月份。若次生果发育良好,则附着在主果直到成熟期。若次生果生理失调或败育,就会诱导次生果离层区纤维素酶增加,反过来产生乙烯,造成主果与果柄形成离层而脱落或腐烂。

第二章　脐橙的营养生理

脐橙的营养，有无机营养和有机营养（图 2-1）之分。无机营养来自于根系的吸收，如氮、磷、钾、钙、镁、铁、硼、锰、锌、硫、钼和铜等。土壤施肥，是补充无机营养的重要手段。有机营养来自于叶片的光合作用。叶片除了进行光合作用，制造有机营养外，还具有吸收功能，即叶子背面有许多气孔，通过渗透，可吸收营养物质。因此，叶面施肥（根外追肥）是营养物质来源的另一种补充形式。

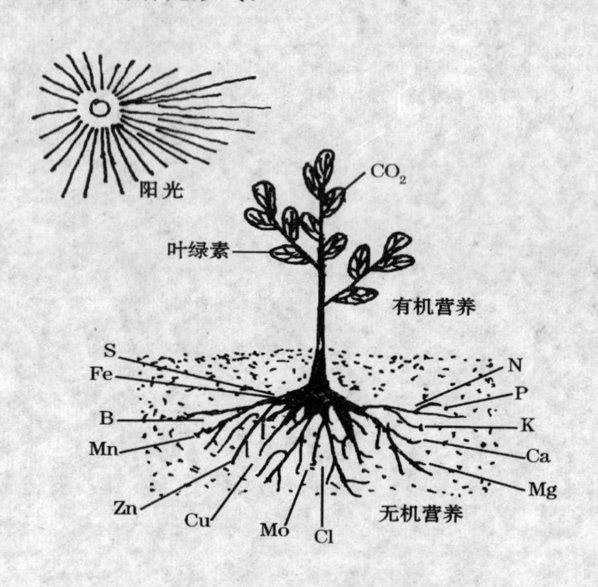

图 2-1　脐橙营养来源示意

1. 有机营养（叶片光合）　2. 无机营养（根系吸收）

第一节　营养吸收器官

脐橙吸收营养的主要器官是根系中的末端菌根。其叶片也能吸收营养，因叶子背面有许多气孔，通过渗透，可吸收营养物质。

一、根系吸收营养的特性

脐橙树的根系与真菌共生而形成菌根，通过菌根来吸收无机营养物质，如水分和矿质元素，吸收代谢比较旺盛。这就要求根际土壤具有良好的通气状况，有机质含量丰富，温湿度适宜。通常以壤土和砂壤土，较为有利于脐橙的生长。

根系吸收营养物质和合成生长调节物质（内源激素），均需要消耗有机营养。所以，需要叶片光合作用合成有机营养物质，由韧皮部的筛管运输至根部，为根系的生命活动提供物质来源。

根系的生命活动需要氧气。因此，在土壤板结时，通气不良，根系进行有氧呼吸的强度低，吸收的物质（糖类）不能彻底氧化，不仅消耗营养物质（糖类）多，导致树体营养消耗过大，而且氧化不完全的代谢产物的积累，会抑制根系的生长，甚至造成根系受毒害，使根系吸收能力下降，引起树势早衰，严重妨碍树体的生长，造成减产和果实品质下降。尤其是在土壤积水或树体被水淹时，根系被迫进行无氧呼吸，由无氧呼吸产生不完全的代谢产物，如乙醇、乙醛和乙酸等有毒物质，积累在根系中，极易使根系中毒死亡，进一步减弱根系的吸收功能。此外，淹水还抑制有益微生物，如硝化细菌、氨化细菌的活动，促使嫌气性细菌，如反硝化细菌和丁酸细菌的活性，从而提高了土壤酸度，不利于根系生长和吸收矿质营养。同时，还会使细胞分裂素和赤霉素的合成受阻，乙烯释放增多，以至加速叶片的衰老。

二、叶面吸收营养的特性

叶子背面有许多气孔，通过渗透，可吸收营养物质，无需经过根系耗能吸收和运输过程，吸收的营养成分即可直接进入叶肉细胞。因此，吸收效率高，肥料的利用率也高。但是，叶面施肥无土壤的缓冲容纳作用，极易因营养元素不平衡或短时间内供过于求，而产生伤害，甚至毒害。

根系吸收的矿质营养元素，经木质部的导管输送到树体的各个部位。输送营养物质的多少，与蒸腾强度有关。蒸腾强度大的部位，随蒸腾流获取的营养成分就多。因此，树冠顶部和外围的枝叶，蒸腾强度大，随蒸腾流输送到顶部和外围枝叶的营养物质就多，长势强。树冠内膛的枝叶和下垂枝叶，因上部和外围枝叶的遮荫作用，蒸腾量小，从蒸腾流中获取的营养物质就少，长势也就相对弱，造成内膛成花、坐果率低，果实相对较小，而且品质较差。

叶面施肥，经过叶子背面气孔吸收的营养物质不随蒸腾流运输，除树体内营养代谢性再分配外，一般是实现树体营养立体分配，遵循就近供应的原则。因此，叶面施肥是增产、稳产、优质的最有效措施之一。由于叶片营养的吸收和同化过程均是耗能过程，消耗的营养物质完全来源于叶片的光合作用，有光照时才能进行光合作用，光照好，光合作用强，合成的有机营养物质多。因此，在阴雨天气和夜晚时，叶片吸收和同化营养物质，只有消耗贮存在树体内的有机营养物质（糖类）；而在光照条件下吸收和同化营养成分消耗的有机营养（糖类),不仅能源源不断地从叶片光合作用合成糖类能源中得到补充,而且强的代谢势还能促使叶片光合机能进一步增强。

三、叶面喷肥

叶面喷肥又称根外追肥。它是把营养物质配成一定浓度的溶液,喷到叶片、嫩枝及果实上,15～20 分钟后,即可被吸收利用。这种施肥方法简单易行,用肥量少,肥料利用率高,发挥肥效快,而且可避免某些元素在土壤中的化学或生物固定作用。脐橙的保花保果;微量元素缺乏症的矫治;根系生长不良,引起叶色褪绿;结果太多导致暂时脱肥;树势太弱等,都可以采用根外追肥,以补充根系吸肥的不足。但根外追肥不能代替土壤施肥。两者各具特点,互为补充。

脐橙叶面吸收养分主要是在水溶液的状态下,渗透进入组织,所以喷布浓度不宜过高。尤其是生长前期枝叶幼嫩时,应使用较低浓度的肥液。后期枝叶老熟,浓度可适当加大,但喷布次数不宜过多,以免引起中毒,使叶尖变黄,这样反而有害。

进行叶面喷肥,应选择阴天或晴天无风的上午 10 时以前或下午 4 时以后进行。喷施应细致周到,注意喷布叶背,并做到喷布均匀。如果喷后下雨,效果差或无效,则应补喷。一般以喷至叶片开始滴水珠为度。喷布浓度应严格按要求掌握,不可超量,尤其是晴天更应格外注意。否则由于高温干燥,水分蒸发太快,浓度很快增高,容易发生肥害。为了节省劳力,在不产生药害的情况下,根外追肥可与喷施农药或生长调节剂结合进行,这样可起到保花保果、补肥和防治病虫害的多种作用。但各种药液混用时,应注意合理搭配。常用根外追肥使用肥液的浓度见表 2-1。

表 2-1 根外追肥使用肥液的适宜浓度

肥料种类	浓度(%)	喷施时期	喷施效果
尿　素	0.3～0.5	萌芽、展叶、开花至采果	提高坐果,促进生长
硫酸铵	0.5～1	萌芽、展叶、开花至采果	提高坐果,促进生长
过磷酸钙	1～2	新梢停长至花芽分化	促进花芽分化
硫酸钾	0.3～0.5	生理落果至采果前	果实增大,品质提高
氯化钾	0.3～0.5	生理落果至采果前	果实增大,品质提高
草木灰	2～3	生理落果至采果前	果实增大,品质提高
磷酸二氢钾	0.3～0.5	生理落果至采果前	果实增大,品质提高
硼砂、硼酸	0.1～0.2	发芽后至开花前	提高坐果率
硫酸锌	0.1	萌芽前、开花期	防治小叶病
柠檬酸铁	0.05～0.1	生长季	防缺铁黄叶病
硫酸锰	0.05～0.1	春梢萌发前后和始花期	提高产量,促进生长
钼　肥	0.1～0.2	花蕾期、膨果期	增　产

第二节　无机营养

脐橙在其生长发育的各个阶段,都需要从外界吸收多种营养元素。其中碳、氢、氧等来自空气和水,其他的矿质元素通常都从土壤中吸收。氮、磷、钾、钙、镁、硫等需要量较多,称为大量元素;而锰、锌、铁、硼、钼等需要量少,称为微量元素。营养元素供应过多或不足,都会对脐橙生长发育产生不良的影响。

一、氮

氮是蛋白质、叶绿素、氨基酸等的组成成分,具有增大叶面积，提高光合作用，促进花芽分化，提高坐果率的功能。氮素不足，新梢生长短，树势衰弱，易形成“小老树”，严重者其外围枝梢枯死；叶片小而薄，叶色浅，变黄，无光泽；无叶花多，坐果率低，果小，延迟果实着色和成熟，果皮粗而厚，果肉纤维增多，糖分降低，果实品质差，风味变淡。但脐橙氮素施用过多时表现徒长，树冠郁闭，上强下弱，下部枝及内膛枝易枯死；且枝梢徒长后，花芽分化差，易落花落果。

尿素能使蛋白质脱水沉淀。因此，叶面喷施尿素的浓度不能过高。因尿素中存在缩二脲，在植物体中极难分解代谢。缩二脲可使蛋白质变性失活，叶面反复多次喷施尿素后，缩二脲在叶片内积累会导致强的毒害作用，这就是生产上叶面多次喷施尿素后，极易造成叶尖、叶缘发白，甚至出现死亡（枯尖、枯边）的原因。

二、磷

磷是核酸及核苷酸的组成部分，也是组成原生质和细胞核的主要成分。磷参与糖类、含氮化合物和脂肪的代谢过程。磷对脐橙有促进花芽分化、新根生长与增强根系吸收能力的作用，有利于授粉受精，提高坐果率，使果实提早成熟，果汁增多，含糖量增加，增进品质。缺磷时根系生长不良，吸收力减弱；花量少，坐果率低，果皮较粗，着色不良，味酸，品质差；叶片少而小，影响枝梢的生长。

土壤是硅、铝、铁等元素组成的无机矿物胶体，磷肥施入土壤后，90%以上被土壤固定成迟效、缓效或无效磷。通常果树能够吸收磷的有效营养形态，是游离态的磷酸根（$H_2PO_4^-$）；而游离态的磷酸根（$H_2PO_4^-$）只有果树根系和土壤微生物活动分泌的有机酸，才能将磷置换出来。因此，土壤施用磷肥应该集中施在果树根部附近，尽量减少磷肥与土壤的直接接触。最好将它与有机肥类混拌，以减少土壤对磷肥的固定作用。但土壤施用磷肥的有效性一般都较低。最有效的方法是叶面喷施，这样就不存在土壤胶体对磷的固定问题。叶面磷肥最有效形态，是磷脂、糖磷酸酯、核苷酸等磷脂态有机磷和磷酸二氢钾。

磷脂、糖磷酸酯和核苷酸等能为植物直接吸收利用的生物态磷进入果树树体后，不存在同化问题，可直接成为细胞的生物分子，进入细胞后直接参与细胞的合成代谢，在阴雨天和光照不足时进行叶面施用，可不受天气的影响，也不会诱导树体出现糖债（糖亏缺）。叶面喷施无机态磷，如磷酸二氢钾，而无机态磷的活化和同化，必然消耗树体能量。在晴天光照充足的条件下，树体旺盛的光合作用，可提供大量的能量用于无机态矿质营养的同化。但在阴雨天或光照不足的环境下，叶面喷施无机态磷（如磷酸二氢钾）后，树体动用贮存能量用于进入细胞的无机磷的同化，易产生糖分亏缺，即糖债。因此，磷酸二氢钾等无机态磷营养应在晴天施用；阴雨天，特别是连日光照不足时，如梅雨季节，叶面施用磷肥应慎重。

三、钾

钾能促进碳水化合物和蛋白质的转化，提高光合作用能力。钾素对脐橙的果实发育特别重要。据分析，果实中钾的含量为氮素的2倍。钾充足时，可促进营养生长和同化作用，使组织充实健壮，增强树体抗逆性，果实产量高，果个大，品质优良，贮藏性好；钾素不足时，蛋白质合成受阻，游离氨基酸增加，促使枝梢徒长，降低抗旱、抗寒能力。叶片小，色淡绿，老叶叶尖变黄，梢枯死。生理落果严重，果实变小，产量下降，皮薄易裂果，不耐贮藏。

钾易溶于水。土壤施用钾肥时，流失、淋溶现象极严重。因此，土壤施用钾肥最好是施在须根附近，并且要少量多次，最好与有机肥一同施用。树体补充钾营养，最有效的途径是叶面施肥。氨基酸钾和核酸钾，是最有效的叶面钾有机营养形态。磷酸二氢钾是较好的叶面钾无机营养形态。氯化钾不宜作为脐橙的叶面营养补充剂，因氯离子浓度过高，极易造成脐橙树体氯中毒，并诱导叶柄形成离层而导致落叶。

钾能维持正常的光合作用，并有利于果实糖分的积累。在果实膨大期，对叶面喷施氨基酸钾和核苷酸钾，有利于果实产量的提高和果实品质的改进。其表现是：果实着色早，含糖量高，耐贮运性能增强。但无机营养态钾施用过量时，易造成裂果和落果等中毒现象。

四、钙

钙在树体内以果胶酸钙形态存在时，是细胞壁、细胞间层的组成成分。在细胞内，钙与有机酸结合，形成草酸钙等有机钙盐存在于液泡而起到细胞解毒作用；钙在细胞内最重要的生理功能是作为钙蛋白，俗称钙调素（CaM）的功能成分，而成为细胞内的信使，调节细胞生命活动。适量的钙可调节土壤酸碱度，有利于土壤微生物的活动和有机质的分解，从而使可供根系吸收的养分增多，果面光滑，减少裂果。果实中有足够的钙，可延缓果实衰老过程，提高脐橙果实耐贮性。缺钙后，细胞壁中果胶酸钙形成受阻，从而影响细胞分裂及根系生长。严重缺钙时，可造成烂根，树势生长减缓。叶片从边缘开始褪绿，叶面大块黄化，新梢生长点死亡。果实缺钙时，果个小，风味酸，易裂果，畸形果多，汁胞皱缩。

一般情况下，土壤并不缺钙，但钙多以不溶形态存在。而脐橙的根系只能吸收溶于水中的钙营养物质。钙是酸溶性矿质营养，根系和土壤微生物活动产生的有机酸，可提高土壤钙的生物有效性。因此，在通常情况下，脐橙不缺钙。缺钙往往是因土壤过酸而导致钙素流失。此外，在开花期、果实迅速膨大期的特殊生理条件下，树体需要大量钙素，而根部一时又供不应求，亦出现缺钙现象。

土施石灰，一般是用于改良土壤，增加土壤钙离子含量，促使土壤团粒结构的形成，中和土壤的酸性。补充树体钙素最有效的方法是，叶面施用生物活性钙剂，如氨基酸钙和核苷酸钙等有机酸钙。叶面施用无机酸钙，如硝酸钙，效果较好。氯化钙则因残留氯离子，极易使脐橙树发生氯中毒，并诱导叶柄形成离层而导致落叶。而施用硫酸钙则无效。

五、镁

镁是构成叶绿素的主要成分，也是酶的激活物质，参与多种含磷化合物的生物合成。因此，缺镁的症状首先就是叶片失绿，并出现黄斑，形成倒“∧”形黄化。其次，表现为枯枝，果味淡，果色差。

一般情况下，土壤中含有足够的镁供脐橙树生长所需。但在不适宜的环境条件下和生长敏感期，脐橙树根系吸收的矿质营养供不应求时，就会产生局部或暂时性的缺镁。例如在连年施用无机化学肥料、土壤板结、有机质含量少等情况下，以及生长敏感期，如新梢抽生和转绿时，极易出现镁营养供应不足。

改良土壤，增施有机肥，是防止树体缺镁最根本的措施。因为有机肥中的有机质含有充足的镁营养，可以满足树体各阶段的生理需要。土壤施用硫酸镁，要在有机肥充足的条件下才有效，而且过剩的硫酸根极易使土壤酸化和板结，导致土壤环境恶化。土壤施用无机镁肥的有效性差。防止缺镁最有效的方法是叶面直接供给生物态镁营养，即在生长敏感期，如新梢抽生、转绿时，叶面喷施氨基酸镁和核苷酸镁等。叶面喷施硫酸镁时，则因硫酸根的过量残存，容易发生叶尖、叶缘枯死等损伤或中毒现象，使光合功能降低，叶片功能期缩短，抗病性下降。

六、硫

硫是组成蛋白质、氨基酸、维生素和酶的成分，特别是胱氨酸、半胱氨酸和蛋氨酸的组成成分。因此，硫是合成蛋白质不可缺少的元素。它与氮、磷相似，亦是生命物质的必要组成成分。植物体的呼吸作用，细胞内的氧化还原过程，均与硫的关系密切。此外，硫还构成辅酶 A 的官能基(—SH)，参与氨基酸、脂肪和碳水化合物的合成和转化。缺硫时，新梢叶像缺氮那样全叶明显发黄。随后枝梢发黄，叶片变小，病叶提早脱落，而老叶仍为绿色，形成明显的对照。病叶主脉较其他部位要黄一些，尤以主脉基部和翼叶部位更黄，且易脱落。抽生的新梢纤细，多呈丛生状。开花结果减少，成熟期延迟，果小畸形，皮薄汁少。严重缺硫时，汁胞干缩。

土壤一般不缺硫。在有机肥充足的条件下，环境中的硫完全可以满足脐橙生长结果的需要。只有在土壤瘠薄，有机质贫乏的酸性脐橙园，因淋溶强烈，土壤有效硫含量低，长期不用或少用有机肥料和含硫肥料时，才会产生缺硫症。叶面喷施硫酸锌和硫酸锰等，或土壤施用含硫肥料，如硫酸铵和硫酸钾等，是防止缺硫最有效的措施。

七、硼

硼对加速碳水化合物的运转，促进氮素的代谢，增强光合作用，改善有机物的供应和分配，具有重要的作用。同时，可确保生殖器官的发育，特别是能促进花粉的发育和花粉管的伸长，有利于受精结实。缺硼时植株体内碳水化合物代谢发生紊乱，妨碍碳水化合物的运转，因而生长点（枝梢与根系）首先受害。缺硼引起叶片卷曲，出现畸形，新梢叶上出现水渍状黄色斑点，叶脉发黄、增粗，叶脉破裂而木栓化。缺硼还会使花器萎缩，落花落果严重，果实发育不良，果小而畸形，果实发僵，果皮增厚；果面粗糙，果味较淡，果心有胶状物。

土壤一般不缺硼。只有在开花期需硼量大时，才可能出现临时性的缺硼现象。通常的做法是，在开花前对叶面喷施硼砂或硼酸液。由于硼在树体内可以以蔗糖硼络合物形态存在，因而矫正缺硼的行之有效的方法是，将蔗糖与硼肥一起对水，配成溶液，进行叶面喷施。土壤施用硼肥的有效性差，一般不宜采用。

八、锌

锌可影响氮素代谢作用。缺锌时，果树的色氨酸减少。色氨酸是合成吲哚乙酸的原料，缺锌时枝梢生长受抑制，节间显著变短，叶片窄小，直立丛生，表现出簇叶病和小叶病。叶色褪绿，形成黄绿相间的花叶，严重时整个叶片呈淡黄色。花芽分化不良，退化花多，落花落果严重，产量低。果小皮厚，汁液少。锌还是碳酸酐酶的组成成分。

土壤一般不缺锌。在有机肥充足的条件下，环境中的锌完全可以满足果树生长结果的需要。只有在土壤瘠薄，淋溶现象严重，或过量施用无机化肥导致土壤板结时，才会产生缺锌现象。土壤施用硫酸锌时，易产生土壤酸化，加剧土壤的淋溶程度。在抽梢前及展叶后，对叶面喷施生物态锌，如氨基酸锌和核苷酸锌等，是防止缺锌最有效的措施。

九、铁

铁虽不是叶绿素的成分，但铁是合成叶绿素时某些辅基的活化剂，对叶绿素的形成有促进作用，因而缺铁时妨碍叶绿素的形成，引起褪绿症，新梢新生叶片薄，叶色变淡，叶肉黄白色，叶脉呈极细的绿色网状脉。严重缺铁时整个叶片呈黄色，甚至全叶白化而脱落，枝梢生长衰弱，果皮着色不良，为淡黄色，味淡或味酸。

土壤一般不缺铁，只有在土壤施用无机化肥过量和失衡时，脐橙植株才会产生缺铁症。叶面喷施发酵熟化的人粪尿，即可有效纠正缺铁症。发酵熟化后的动物血水，是最有效的生物态铁营养。土壤施用铁肥，对矫正缺铁症基本无效。施用硫酸铁，反而会加剧土壤环境的恶化。

十、锰

锰是叶绿素的组成物质，直接参与光合作用。脐橙树缺锰时，叶绿素合成受阻，最初叶脉间发生淡黄色斑纹，最后叶片部分留下明显的绿斑，严重时变成褐色，引起落叶，果皮色淡发黄并变软。锰还是多种酶的活化剂。

一般情况下土壤不缺锰。只有在雨水过多、淋溶强烈或石灰施用过量时，才会出现缺锰。因此，施用石灰要适量，对已发生缺锰的脐橙树，叶面喷施硫酸锰，即可有效纠正缺锰症。

十一、铜

铜是植株体中许多氧化酶的成分，它参与呼吸作用。能促进叶绿素的形成，并能增强叶绿素和其他色素的稳定性，阻止叶绿素被破坏。缺铜时，初期表现为新梢生长曲折，呈“S”形，叶片特别大，叶色暗绿，叶肉成淡黄色网状，叶形不规则，主脉弯曲。严重缺铜时，叶片和枝梢的尖端枯死，幼嫩枝梢树皮上产生水泡，泡内积满褐色胶状物质，最后病枝枯死。幼果为淡绿色，易裂果而脱落，果皮厚而硬，果汁味淡。

脐橙对铜的需要量甚微。一般情况下土壤不缺铜。但在大量施用氮肥和磷肥时，易发生缺铜症。合理施用氮肥，注意磷、钾肥的配合，使养分保持平衡，可有效地防止缺铜症。对已发生缺铜症的脐橙树，叶面喷施硫酸铜，可取得较好的效果。

第三节 有机营养

叶片是进行光合作用的主要器官，也是有机物质合成的重要场所，还是呼吸消耗的主要器官。在有光照的条件下，叶片进行光合作用，将光能转变成化学能，贮存于糖和一些贮能生物分子中，用于无机营养的同化，合成有机物质，保证脐橙的生长，维持正常的生命活动。叶片进行呼吸作用时消耗有机营养物质，尤其是在阴天缺少光照的条件下，消耗树体贮存的养料。因此，提高叶片光合效率和减少呼吸消耗，是获得高产优质的根本保证。

一、氨基酸及其衍生物

脐橙的一切生命活动，都是在酶的作用下完成的。酶的化学本质是蛋白质,蛋白质是由氨基酸构成的。脐橙体内的氨基酸是由呼吸代谢中产生的酮酸与氨反应而生成的。其合成过程中所消耗的能量,是由呼吸作用中糖氧化产生的能量提供的。在光照条件下,有利于氨基酸、蛋白质的合成。但在光照不足或糖分缺乏的情况下,氨基酸则难以合成。因此,糖是氨基酸合成的物质基础和能量基础,而氨基酸又是蛋白质合成的物质条件,蛋白质是生命活动的体现形式。对脐橙树叶面直接喷施氨基酸类等有机营养物质,提供脐橙蛋白质和酶合成所需要的氨基酸,尤其是在相对低温和连续阴雨天气,脐橙在光照不足或糖分缺乏的情况下,仍能维持树体的开花结果、果实膨大等所需要的蛋白质的正常合成,对于脐橙的保花保果、果实膨大和品质的提高,极为有利。

二、磷脂和糖磷酸酯

用于呼吸作用的糖,在进入呼吸途径前必须活化。即糖必须接受能量 ATP 转来的高能磷酯基、形成糖磷酸酯类后,才能完成酶促生物氧化过程,并提供各种生物分子(如核酸、维生素等)合成的碳架和能量。在有机营养不足、能量物质缺乏时,对叶面喷施有机营养物质,使有机营养物质中提供的糖磷酯,直接进入呼吸途径,启动呼吸代谢作用,增强氧化磷酸化功能,提高细胞活性,从而促进物质的合成代谢作用。

三、单核苷酸

脐橙树体内的遗传物质核酸,是由核苷酸构成的。核苷酸是由一些氨基酸、戊糖和活化磷酸载体 ATP 等,在酶的催化作用下合成的。在脐橙树栽培过程中,叶面喷施尿素、磷酸二氢钾等无机营养肥液进入细胞后,在同化的过程中需要消耗能量。光照不足或阴雨天气等不利于生长的条件,对细胞的核酸合成产生削弱作用。若叶面施用核苷酸类有机营养,则可有效地保证在生长不适宜条件下,脐橙核酸代谢的顺利进行,这对脐橙的花芽分化、保花保果极为有利。

四、维生素 B 族辅酶

维生素是一种细胞内含量甚微的有机生理活性物质,在细胞内各细胞器和胞内基质中发挥作用。维生素可分为脂溶性维生素和水溶性维生素两大类。脂溶性维生素有维生素A、维生素 D、维生素 E 和维生素 K 等。这些维生素主要存在于细胞生物膜相中,对维持细胞膜的稳定性具有重要的作用。在脐橙体内,只要有阳光,就可由二氧化碳和水合成各种脂溶性维生素,即脂溶性维生素是碳代谢的产物。因此,脐橙体内不会缺乏脂溶性维生素。水溶性维生素有维生素 C 和 B 族维生素。B 族维生素作为辅酶成分,在酶反应中起着重要的催化作用。复合酶中除了酶蛋白部分外,还含有 B 族维生素。在脐橙栽培过程中,叶面喷施有机营养物质,提供复合酶合成所必需的氨基酸和维持酶活性所必需的辅因子或辅酶,对脐橙的花芽分化、果实发育和品质的提高,具有极为重要的作用。

五、有机态元素营养

脐橙生长需要矿质营养,矿质营养的吸收和同化均需要消耗能量。当矿质营养如氨、尿素、铜、锌、硫酸根等,在细胞内的存积超过一定量时,常产生毒害现象。比如在脐橙的栽培过程中,特别是在光照不足或生长条件不适宜,如低温、干旱等情况下,叶面施用尿素浓度过高,次数过多,极易产生叶尖和叶缘枯死、花芽分化不良、大量落花落果等现象。叶面喷施有机营养中的元素营养，绝大多数以氨基酸、糖磷酯、核苷酸和维生素等有机态的形式存在，如氨基酸钙、氨基酸钾等。叶面喷施有机态元素营养，具有吸收快，利用率高，无毒性，易贮积，不会导致树体产生糖债(即糖亏缺)的发生。

六、微量生理活性物质

微量生理活性物质，在细胞间、组织间和脐橙的生命活动过程中，起着协调的作用。激素是生理活性成分之一。但有机营养中除含有细胞激动素合成的前体物质外，不含有其他类型的植物激素，而主要是含有促进生殖生长基因表达的启动因子。磷酸戊糖途径酶系合成、蛋白质合成、核酸合成和生物膜脂合成的诱导因子等微量生理活性成分，在各类合成作用中起着协调的作用。在脐橙的栽培过程中，叶面喷施微量生理活性物质，如芸薹素、赤霉素等，对脐橙的花芽分化、保花保果极为有利。

第三章　脐橙的水分生理

脐橙的一切正常生命活动，只有在水的参与下才能进行。要保证脐橙正常的生命活动，就必须要有充足的水分。同时，脐橙通过叶面水分蒸发，又将水分散失到大气中去。这样就形成了脐橙水分的吸收、水分在体内的运输和水分排出的代谢过程。

第一节　脐橙对水分的要求

脐橙在生长发育过程中，需要大量的水分。在缺水的情况下，脐橙的正常生命活动就会受阻，甚至停止。空气湿度对脐橙生长也有很大的影响。如果空气过于干燥，就不利于脐橙生长结果，以至落花落果严重。空气相对湿度在65%～72%时，最有利于脐橙优质丰产。应保持脐橙园适量的土壤水分。通常要求土壤的田间持水量保持在60%～80%，对枝叶生长、果实发育、花芽分化以及产量提高，都极为有利。脐橙生长要求年降水量在1 000毫米以上。在雨量不足或分布不均的地方种植脐橙时，要有水源和灌溉设施。

一、脐橙的含水量

脐橙果实含有大量的水分。其余不同的器官含水量不同。一般而言，其枝、叶的含水量为50%左右，果实为85%以上，茎尖和根尖的含水量可高达80%～90%。愈是生命活动旺盛的部分，含水量就愈高。脐橙的生命活动，更需要水分的参与,如光合作用和呼吸作用等。

二、水分在脐橙体内存在的状态

水分在脐橙体内细胞中的存在有两种状态,即束缚水和自由水。细胞原生质胶体微粒具有亲水性,其表面吸附着很多水分子,形成一层很厚的水膜层。束缚水,是指被胶粒吸附束缚而不易自由流动的水分;胶粒间可以自由流动的水分,则称为自由水。事实上,束缚水与自由水的划分是相对的,它们之间并没有明显的界限。

自由水直接参与脐橙体内的各种代谢作用,它的数量制约着脐橙的代谢强度,如光合速率、呼吸速率和生长速度等。自由水在总含水量中占的数量越大,代谢就越旺盛。束缚水不参与代谢作用,而微弱的代谢强度可使脐橙渡过外界环境条件不良的时期。因此,束缚水含量的多少,与脐橙抗性的强弱有密切的关系。

三、水分在脐橙生命活动中的作用

水分在脐橙的生命活动中,占有重要的地位。它直接参与了生命的活动过程,如光合作用、呼吸作用和物质的吸收过程等,水分含量的变化,制约着脐橙的生命活动。

(一)水分是细胞原生质的主要成分

脐橙细胞原生质的含水量,一般在70%~90%。由于水分子具有极性,组成原生质胶体的大分子物质有较强的水合能力,水以形成水膜的方式维持着胶体系统的稳定性。当水分充足时,原生质胶体处于溶胶状态,保证旺盛的代谢作用能正常地进行,如根尖、茎尖、花蕾和幼果等生命活动旺盛部位代谢作用的正常进行。细胞呼吸作用加强时,细胞吸水也增强。当脐橙树体发生水分亏缺时，原生质胶体状态改变，由原来进行旺盛代谢作用的溶胶状态，渐变成休眠的凝胶状态，生命活动强度降低，导致原生质胶体结构受到损伤，花蕾出现萎缩，根尖、茎芽、幼果等发生滞育。

（二）水分是脐橙对物质吸收和运输的溶剂

通常，脐橙不能直接吸收固态的无机物质和有机物质，一切代谢活动都是在水溶液中进行的。土壤中的无机物质和有机物质，只有溶解于水中才能被脐橙吸收。同样，树体内的物质运输，也要溶解于水中才能进行。可见，水是极其重要的生命介质。

（三）水分是生命代谢过程中的反应物质

在光合作用、呼吸作用、有机物质的合成和分解过程中，都有水分子参与。

（四）水分能保持脐橙树体的固有姿态

土壤水分充足时，细胞含有大量的水分，使细胞处于紧张状态（即膨胀），并保持脐橙树体的挺拔姿态，有利于进行各种生命活动。如根系下扎，便于吸水吸肥；脐橙枝叶挺立，叶片展开，便于充分接受光照和进行气体交换，有利于光合作用的进行。同时，花朵呈张开状态，有利于传粉和受精。因此，保证脐橙水分的正常供应，对获得高产优质的果品具有重要的意义。

（五）水分可改善脐橙的生态环境

夏、秋季的高温酷热和强烈阳光暴晒，使脐橙果实表面温度达到 40℃以上，以至出现灼伤，形成日灼果，严重损害果实的商品价值。此外，受强光直射，树干树皮也会出现日灼。正是由于叶片的蒸腾作用，水由液态变为气态，散失大量热量，可大大降低树体体温，使树体避免因强烈阳光的照射而灼伤。

因此，在夏、秋高温季节，保证水分的供应，对防止日灼果的发生极为重要。这就要求在雨量不足或分布不均的地区栽种脐橙时，果园应有水源和灌溉设施。

第二节　脐橙根系对水分的吸收

水是脐橙最基本的组成部分，是其生命活动的必需物质。土壤中的一切营养物质，只有在水的参与下才能被脐橙所吸收和利用。脐橙园土壤的水分状况，与脐橙树体生长发育、果实产量、品质优劣有直接关系。水分充足时，脐橙营养生长旺盛，产量高，品质优良。土壤缺水时，脐橙新梢生长缓慢或停止；缺水严重时，造成落果和减产。但土壤水分过多，尤其是低洼地的脐橙园，雨季易出现果园积水，造成根系缺氧进行无氧呼吸，致使根系受害，并出现黑根、烂根现象。因此，加强土壤水分管理，是促进树体健壮生长和实现高产、稳产与优质栽培目的的重要措施。

一、根系吸水的部位

脐橙的叶片虽然有角质层，但当被雨水或露水湿润时，叶背气孔也能吸水，不过吸水数量很少，在水分供应上意义不大。根系是脐橙吸水的主要器官，能从土壤中吸收大量的水分，以满足脐橙生命活动的需要。根系吸水的部位主要在根尖。脐橙的根系与真菌共生形成菌根，其菌根增强了根系的吸收功能。因此，在早春脐橙萌芽开花时应尽量少伤根系，以免引起落花落果，这就要求给脐橙树施基肥必须掌握好时间，务求在萌芽前完成。

二、根系吸水的动力

脐橙根系对水分的吸收靠两种动力:一是靠叶片的蒸腾作用所产生的蒸腾拉力,促使根系吸水,这种现象称被动吸水;另一种是靠根系的代谢活动主动从土壤中吸收水分,称主动吸水。

(一)被动吸水

被动吸水的动力是蒸腾拉力。在通常情况下,脐橙叶片蒸腾作用强,被动吸水量大,被动吸水成为脐橙吸水的主要方式。只有当蒸腾强度很低时,例如早春叶片尚未展开,或是在夜间,被动吸水才不占主要地位。夏季气候炎热,水分蒸发量更大,在土壤水分供应不上时,极易产生树体缺水现象,影响树体的正常生长。因此,在干旱地区栽种脐橙时,要解决好脐橙园的灌溉条件。

(二)主动吸水

主动吸水,是指靠根系的代谢活动而吸收水分的过程。脐橙根系在良好的土壤通气环境条件下,代谢活动旺盛,吸水能力强;但在土壤水分过多,尤其是低洼地的脐橙园,雨季易出现果园积水,根系缺氧进行无氧呼吸,产生有害物质,致使根系受害,并出现黑根烂根现象,严重损害根系的吸收功能。土壤板结的脐橙园,应增施有机肥,改良土壤结构。尤其是低洼地的脐橙园,在雨季要注意排水,使土壤通气状况良好,防止脐橙根系受害。保持根系良好的吸收状态,是脐橙高产优质栽培的重要保证。

三、影响根系吸水的环境因素

影响根系吸水的环境因素,有大气因子和土壤因子。大气因子影响叶片的蒸腾速率，间接地影响到根系的吸水，而土壤因子则直接影响根系的吸水。

（一）土壤中的可用水分

土壤水分对脐橙来说，并不是都能被利用的。根部有吸水的能力，而土壤中一些有机胶体和无机胶体能吸附一些水分，土壤颗粒表面也吸附一些水分，即土壤也有保水的功能。假如前者大于后者，则根系吸水；否则，根系不但不吸水，根系中的水分反而会外渗。脐橙只能利用土壤中可用水分。土壤中可用水分的多少，与土粒粗细及土壤胶体数量有密切关系，依粗砂、细砂、砂壤、壤土和黏土的顺序而递减。

（二）土壤通气状况

根系在良好的土壤通气环境条件下，代谢活动旺盛，吸水能力强；但在土壤水分过多，土壤通气不良，尤其是雨季易出现果园积水的低洼地脐橙园，根域缺氧，短期内使细胞呼吸减弱，影响根压，继而阻碍吸水；若时间较长，就形成无氧呼吸，产生有害物质，造成酒精中毒，致使根系受害，并出现黑根、烂根现象，严重影响根系的吸收功能，积水园的脐橙树反而表现出缺水现象。栽培脐橙时，增施有机肥，改良土壤结构；对低洼地脐橙园，在雨季要注意排水，使土壤保持良好的通气状况，增强根系的吸水、吸肥能力，是获得高产优质脐橙果的根本措施。

（三）土壤温度

低温可有效降低根系的呼吸速率和生长速率，吸水速率也随之降低。在低温条件下，土壤水分和根系细胞质本身的黏性增大，扩散速率降低，水分不易通过细胞质，影响根压。因而冬季低温利于控梢促花。土壤温度过高，对根系吸水也不利。高温促进根的老化进程，使根的木质化部位几乎达到根尖，根的吸收面积减少，吸收速率下降。同时，温度过高会使酶钝化，细胞质流动缓慢，甚至停止。在夏、秋高温季节，给脐橙园灌水，可降低土壤温度，减轻高温对脐橙根系的伤害。

（四）土壤溶液浓度

土壤溶液含有一定的盐分，具有水势。脐橙根系要从土壤中吸水，根部细胞的水势必须低于土壤溶液的水势。在一般情况下，土壤溶液浓度较低，水势比较高。在砂质土和干旱条件下，施用化肥不宜过量，以免使土壤盐分浓度增高，水势很低，脐橙根系吸水困难，产生“烧根”现象。因此，在一般情况下，特别是在高温干旱气候条件下，应采取先灌水后施肥，以降低土壤溶液浓度，保证脐橙根系的正常生长。

第三节　蒸腾作用

脐橙吸收的水分，只有一小部分是用于代谢的，而绝大部分是通过叶片的蒸腾作用将水分散失到体外的。

一、蒸腾作用的重要生理意义

脐橙在进行光合作用的过程中，必须和周围环境发生气体交换；在气体交换的同时，又会引起树体水分的大量丢失。通过蒸腾作用，可以调节树体的水分含量，这对维持树体正常的生命活动具有重要的意义。

（一）蒸腾作用是脐橙水分吸收和运输的主要动力

脐橙树体高大，靠着蒸腾作用产生的强大拉力，促使水分顺利地吸入体内，并输送到地上部，溶于水中的矿质营养随着液流输送到树体的各个部位，满足各器官生命活动的需要。假如没有蒸腾作用，由蒸腾拉力引起的吸水过程便不能产生，树体较高部分也无法获得水分。

(二)蒸腾作用促进脐橙对土壤营养的吸收和树体营养的运输

各种无机盐类只有溶于水中才能被脐橙吸收,并在体内运转。蒸腾作用是水分吸收和流动的主要动力,矿质营养随着水分的吸收和流动而被吸入和分布到脐橙树体的各个部分。脐橙对有机物的吸收和有机物在体内的流转也是如此。所以,蒸腾作用对吸收矿物质和有机物,以及这两类物质在脐橙树体内运输都是有帮助的。

(三)蒸腾作用能够降低脐橙叶片的温度

太阳光照射到脐橙叶片上时,大部分能量转变为热能。如果脐橙叶片没有降温的功能,叶片温度过高,就会使叶片产生伤害,即被灼伤。正是由于叶片的蒸腾作用,使水由液态变为气态,散失大量的热能,才可大大降低树体的体温,使树体免受强烈的照射而灼伤。

二、环境条件对蒸腾作用的影响

蒸腾作用的快慢,取决于叶内外蒸汽压差的大小,所以凡是影响叶内外蒸汽压差的外界条件,都会影响蒸腾作用。

(一)光　照

光照是影响蒸腾作用的最主要外界条件。它不仅可以提高气温,同时也可使叶温升高。在阳光下,叶温一般比气温高,叶内外的蒸汽压差增大,蒸腾速率加快。此外,光照促使气孔开放,减少内部阻力,从而使蒸腾作用增强。

(二)空气相对湿度

由于叶肉细胞的细胞壁水分不断转变为水蒸气,叶背气孔内腔的相对湿度接近饱和,因而保证了蒸腾作用能顺利进行。但当空气相对湿度增大时，空气蒸汽压也增大，气孔内外蒸汽压差就变小，蒸腾变慢。所以，大气相对湿度直接影响蒸腾速率。

(三)温　度

温度是叶内水分汽化的直接动力。当温度相同时，相对湿度越大，蒸汽压越大；当相对湿度相同时，温度越高，蒸汽压就越大。叶片气孔内腔的相对湿度总是大于空气的相对湿度，叶片温度一般比气温高。因此，当大气温度增高时，气孔内腔蒸汽压的增加大于空气蒸汽压的增加，所以叶片内外的蒸汽压差加大，有利于水分从叶内逸出，蒸腾加强。在炎热夏季的中午，温度过高，叶片失水过度反而会引起气孔关闭，使蒸腾减弱。这也是脐橙适应外界不良环境条件而自我保护的一种表现。

(四)风

微风促进蒸腾，因为风能将气孔外边的水蒸气吹走，补充一些相对湿度较低的空气，增大了叶面与大气间的蒸汽压差，扩散层变薄或消失，外部扩散阻力减小，蒸腾就加快。可是，就促进蒸腾作用而言，强风反而不如微风，因为强风可能引起气孔关闭，使内部阻力加大，蒸腾就会慢一些。同时，强风还可降低叶片温度，使饱和蒸汽压下降，减少气孔内外的蒸汽压差，减弱蒸腾。

第四节　脐橙体内水分的运输

脐橙根系从土壤中吸收的水分，向地上部输送到茎、叶和花、果等器官，除一部分水参与了树体的各种代谢活动外，大部分水通过蒸腾，以水蒸气的形式散失到大气中。

一、水分运输的途径

脐橙根系吸收的水分，首先，通过皮层薄壁细胞，进入根系木质部的导管和管胞中。然后，水分沿着木质部的导管，向上被运输到茎或叶的木质部。接着，水分从叶片木质部末端细胞，进入气孔下腔附近的叶肉细胞壁的蒸发部位。最后，水蒸气就通过气孔蒸腾出去。由此可见，土壤—树体—空气三者之间的水分，构成一个开放的连续系统。

二、水分沿导管上升的动力

下部的根压和叶片的蒸腾拉力，是水分沿导管或管胞上升的动力。但水分上升的主要动力不是靠根压。只有在土壤温度高、水分充足、大气相对湿度大、蒸腾作用很小时，根压对水分上升才起较大的作用。在一般情况下，蒸腾拉力才是水分上升的主要动力。要使水分在茎内沿木质部的导管不断向上运输至树体各部位，这就要求导管内的水分必须形成连续的水柱。如果水柱中断，蒸腾拉力便无法把下部的水分拉上去。水分子之间的强大内聚力，是保证导管中的水柱不中断的原因所在。

第五节　水分与脐橙营养生长的关系

水分是脐橙最基本的组成成分，是其生命活动的必需物质。脐橙的营养生长，如萌芽、展叶和枝梢生长等，需要较多的水分。水分充足与否，直接影响到当年的脐橙生长，尤其是早春干旱地区，充足的水分更显得特别重要。因此，及时保证水分供应，有利于脐橙的萌芽、展叶和枝梢生长。

一、水分与萌芽的关系

脐橙萌芽，除了要有适宜的温度外，还一定要有水分。在早春干旱地区，保证水分供应特别重要。在萌芽期，结合叶面施肥，喷施有机营养液，如氨基酸和倍力钙等，有利于萌芽。

二、水分与展叶的关系

脐橙展叶主要是细胞伸长增大的过程。在水分供应不足时，叶片展开不大；水分过多，叶片大而薄。叶片是光合作用的场所，形成有机物的多少与叶片的功能有关。健壮叶片大而厚，光合功能强，形成的有机物质多。展叶时，叶肉细胞处于生长发育旺盛期，蒸腾作用强，呼吸强度大，是叶片一生中需要水分和营养最多的时期。在展叶期，保证水分供应，同时，对叶面喷施有机营养液，如叶霸、氨基酸和倍力钙等，可收到促使新叶转绿、老叶复壮的效果。因此，保证展叶期水分和有机营养供应充足与及时，是培养健壮叶片的关键。

三、水分与枝梢生长的关系

脐橙新梢生长期，对水分的需求量很大，缺水会抑制新梢生长。因此，干旱时应及时进行灌溉。但要防止灌水过量，以免导致营养生长过旺。所以，灌水时要根据具体情况，灵活掌握，使灌水适量。

四、水分与叶片生理功能的关系

叶片的一切生命活动都离不开水分。在阳光充足，温度高，叶片蒸腾作用强，短时内水分供不应求，导致水分胁迫时，可使叶绿体产生光氧化的损伤性褪色。缺水时间长，则诱导叶肉细胞内产生脱落酸和乙烯，导致叶片衰老，甚至脱落。缺水，降低叶片的生理机能。干旱，缩短叶片的寿命。幼叶细胞原生质的亲水能力远强于老叶，缺水伤害的首先是老叶。因此，保证展叶期水分供应充足，并及时补充幼叶生长所需营养，是延长茎叶生理功能的有效措施。

冬季适度控水，创造微旱环境，诱导叶肉细胞代谢混乱，生物大分子产生适度水解，糖浓度提高，细胞液浓度增大，促进脱落酸和乙烯等生长抑制物的产生，是控水促花的理论基础。但是，控水要适度，过于干旱则会造成大量落叶现象的出现。

第六节　水分与脐橙花芽分化的关系

花芽形成的过程就是花芽分化期。从叶芽转变为花芽、通过解剖识别起，直到花器官分化完全止，这段时期称为花芽分化期。脐橙开始花芽分化，需要一定的营养物质做基础，故枝梢上的花芽分化，要待枝梢停止生长后才能开始。花芽分化又可分为生理分化和形态分化。脐橙花芽分化期通常从10月份至次年的2月份。

一、水分与花芽生理分化的关系

在干旱缺水的条件下，细胞降解代谢的速度高于合成代谢速度，部分生物大分子发生降解，糖浓度提高，细胞液浓度增大。降解代谢占优势时，有利于花芽分化基因的活化。因此，水分胁迫可启动花芽分化，通过控水可达到控梢促花的栽培目的。脱落酸和乙烯是生物膜脂降解代谢的次生产物。使用乙烯利，可提高细胞内乙烯的浓度，有利于花芽生理分化。

生理分化期，即 9～10 月份，是调控花芽分化的关键时期。进行拉枝和扭枝等，均对花芽分化有利。冬季适当的干旱和低温，有利于花芽的分化。

二、水分与花芽形态分化的关系

在脐橙树的花芽分化期，水分供应充足与否，对脐橙花芽的形态分化极为重要。在水分供应充足时，花的各部位发育正常。但在干旱缺水时，会延迟花器的发育，花器发育不良，使畸形花增多。

三、水分与开花的关系

脐橙在开花过程代谢旺盛，蒸腾失水多，呼吸消耗水分和养分也多。花期干旱缺水，开花时间短。光照充足，开花期集中，有利于授粉和坐果。花期阴雨天气或雨水过多，不利于授粉，极易产生沤花现象，因下雨会冲淡柱头表面的黏液，授粉受精困难。

第七节　水分与脐橙果实发育的关系

在脐橙的果实发育期，必须保持充足的水分供应，以保证果实生长对水分的需要。如若干旱缺水，则会使果实发育停止。久旱骤雨，脐橙果肉的吸水速率大于果皮的吸水速率，容易造成裂果。

一、水分与果实膨大的关系

幼果发育的前期，细胞体不断增大，主要依赖于有机营养，特别是蛋白质类的增加。同时，呼吸旺盛，消耗糖分多。

因此，幼果发育的前期主要是供给氨基酸类和糖分，以维持细胞旺盛的代谢势。

细胞体积的增加主要靠膨压，而水分是幼果原生质体形成溶胶、产生膨压的物质基础。干旱缺水时，则加速生物大分子的降解，导致脱落酸和乙烯等生长抑制激素的产生，促使果实离层的形成，造成幼果的脱落。幼果发育到中后期，细胞内形成液泡并逐渐增大，液泡中含有大量的水分，其次是可溶性糖、有机酸和矿物质等。果实迅速膨大期，必须保持充足的水分供应，以保证果实生长对水分的需要。连续阴雨时，光照不足，树体产生糖债，削弱了根系的主动吸水能力、叶片的光合机能及叶片的保水力，降低了幼果的合成代谢势，使树体处于饥饿状态。雨过天晴，阳光猛烈，叶片持水机能尚未能及时恢复，蒸腾强度大，根系缺糖，根压低，致使水分亏缺。因此，在连续阴雨天气时，应及时补充糖分和有机营养。雨后初晴时，要对叶片喷施有机营养，以增强树体合成代谢势，保证幼果的持续发育和果实细胞的持续增大。

二、水分与裂果的关系

脐橙果实果皮厚薄不一，果肉细胞中的液泡渗透压高。当久旱骤雨、台风急雨等环境水分剧烈波动时，果肉渗透吸水，膨胀速率大于果皮伸长率，果肉挤破果皮，产生裂果。干旱缺水时，果皮细胞因蒸腾缺水而滞育。时间一长，果皮细胞代谢产物填充滞育的果皮细胞壁，导致胞壁老化，使其弹性机能恶化，是裂果的根本性原因。因此，维持果皮的不断发育是防止裂果的关键所在。防止裂果，要保证果皮有充足的水分。在夏、秋干旱季节，脐橙园要有灌溉设施，经常对树体喷施低浓度的有机营养，适当灌水，防止果皮水分波动过大。

三、水分与果实成熟的关系

果实成熟主要是果肉生物大分子降解，伴随次生代谢产物大量形成，糖浓度增加的过程。适当干旱，光合产物供应足，则果肉可溶性物质含量高，风味好，香气足，果皮着色好，果实抗病性强，耐贮藏。若水分过多，则果实着色差，风味淡，易感病，不耐藏。采果前下雨，果实含水量高，不耐藏。采收前对脐橙树灌水、施肥，都会降低果实的品质和贮藏性能。

第四章　脐橙的化学调控

化学调控，是利用植物生长调节剂来调节、控制脐橙的生长发育过程，使脐橙的生长发育符合经济栽培的要求，从而达到"高产、优质、高效"的栽培目的。

第一节　化学调控的重要意义

一、化学调控的本义

脐橙的生长发育是一个复杂的过程，除了要求有适宜的温度、光照和氧气等环境条件和必要的营养物质，如水分、无机盐与有机物以外，还需要一些对生长发育有特殊作用，而含量甚微的生理活性物质。而极少量的这类生理活性物质，就可以调节和控制脐橙的生长发育及各种生理活动。这类生长调节物质，包括内源激素和人工合成的植物生长调节剂。生产上就是利用这类生长调节物质，来调节、控制脐橙的生长发育过程，从而达到人们预期的栽培目的，如促进开花，防止落果等。

二、内源激素与生长调节剂的重要作用

内源激素，是植物体内产生的活性物质。它由特定的器官或组织合成，然后转运到别的器官或组织而发挥作用。这类活性物质在植物体内含量极微，而起的作用却很大，能参与调节植物的各种生理活动。植物如果缺少了这些活性物质，

便不能正常生长发育，甚至会死亡。

内源激素在植物体内含量甚微，欲从植物体内提取再应用于果树生产，那是相当困难的，也是不合算的。通过人工合成的具有与内源激素相同或相似生理活性的物质，对植物的生长发育能起到同样的调节作用。这类由人工合成、人工提取的生理活性物质，称之为植物生长调节剂。

植物生长调节剂的使用量甚微，但具有显著、高效的调节作用。一些常规栽培措施难以解决的问题，通过使用植物生长调节剂却能取得良好的效果，如促进开花，防止落果，增强抗性等。

三、生长调节剂与营养物质根本不同

值得注意的是，植物生长调节剂，虽然具有高效显著的调节作用，但它不能代替植物的营养物质，二者之间存在着根本的区别。

植物营养物质，是指那些供给植物生长发育所需的矿质元素，如氮、磷、钾、钙、镁、硫、铁、锰、锌、铜等。它们是植物生长发育不可缺少的，直接参与植物的各种代谢活动，或是植物体内许多有机物的组成成分，参与植物体结构组成的物质。植物的生长发育需要大量的营养物质，这些营养物质包括有机营养和无机营养。有机营养来自于叶片的光合作用。无机营养，一方面来自于根系吸收，如氮、磷、钾、钙、镁、硫等，土壤施肥是补充无机营养的重要手段；另一方面来自于叶面吸收。叶片除了进行光合作用，制造有机营养外，还具有吸收功能，即叶子背面有许多气孔，通过渗透，可吸收营养物质。因此，叶面施肥（根外追肥）是无机营养来源的另一种补充形式。

而植物生长调节剂不提供植物生长发育所需的营养物

质。它是一类辅助物质，主要通过调节植物的各种生理活动来影响植物的生长发育，一般不参与植物体的结构组成。其效应的大小，不取决于植物吸收的必要元素的含量，而取决于植物生长调节剂。植物生长调节剂的使用量虽小，但具有高效显著的调节作用。它的用量大了，反而会影响植物的正常生长发育，甚至导致植物死亡。可见植物生长调节剂与植物营养物质，是两类完全不同的物质，二者不能混为一谈。

第二节　生长调节剂的生理效应

一、生长素的生理效应

生长素对营养器官的伸长生长有明显的促进作用。但是不同的组织器官，如根、芽和茎，对生长素不同浓度的生长反应有较大差别。一般来说，根对生长素最敏感，极低的浓度就可以促进根的生长，其最适浓度为 10^{-5}～10^{-4} 毫克/千克，在较高浓度下，根生长受到抑制；茎的敏感度比根差，在 10 毫克/千克以下的浓度时，茎的生长随浓度的增加而增加，超过 10 毫克/千克时生长则减慢，高至 100 毫克/千克时则起抑制作用；芽的反应介于茎与根之间，浓度约在 10^{-3}～10^{-2}毫克/千克的范围。生长素除了对细胞伸长生长有作用外，对细胞的分裂与分化也有作用。

生长素除了对细胞伸长生长有作用外，还具有很强的调运养分的生理效应，即具有促使光合产物向生长素含量高的部位转移的作用，亦即具有创造“库”的功能。脐橙果实的生长是靠子房及其周围组织的膨大。开花后，子房中的生长素含量大为增加，这就相应地增加了“库”的代谢活性，对同化物的需要量增加，从而促进了同化物的流入，促使脐橙果实的长大。如果在授粉之前，用生长素喷洒或涂在柱头上，就可以不经授粉而引起子房膨大，并发育成果实。因果实中没有种子，通常称为单性结实，由此获得的果实称为无籽果实。

脐橙生长的顶端优势现象，也与生长素有关。顶端形成的生长素运到侧枝，抑制侧枝的生长。当有顶芽存在时，侧枝生长很慢；如切去顶端，侧枝在几小时之内就迅速生长。但去顶后在切口处涂抹生长素，则侧枝的生长仍被抑制。

二、赤霉素的生理效应

用赤霉素处理脐橙植株后，主要是刺激茎的伸长，促使营养生长。在一定的浓度范围内，随着赤霉素处理浓度的增加，其刺激效应也愈大。赤霉素处理后，在两周内有效，在处理后的 5～15 天，即可出现一个明显的生长高峰。

脐橙果实脱落是由于果柄基部产生离层而引起的，当脱落酸或乙烯含量增加时，脐橙果实脱落就会增加。由于赤霉素有拮抗脱落酸、生长素有拮抗乙烯的作用，所以对脐橙花或幼果使用赤霉素或生长素，就能防止花或果的脱落，具有保花保果的作用。这就是生产中常使用赤霉素进行保花保果的原因所在。如脐橙树谢花 2/3 时，用 50 毫克/升浓度(即 1 克赤霉素加水 20 升)的赤霉素液喷布花果，两周后再喷一次；5 月上旬疏去劣质幼果，用 250 毫克/升浓度(1 克赤霉素加水 4 升)的赤霉素溶液涂果 1～2 次，具有良好的保果效果。赤霉素之所以能减少脐橙果实的脱落及促进果实的生长，就是因为在脐橙果实的发育过程中，赤霉素具有调配光合产物的作用，能加速光合产物向脐橙果实输送的速度和增加光合产物输送的总量。

三、细胞分裂素的生理效应

(一)促进细胞分裂

细胞分裂素的主要作用是,促进细胞分裂,增加细胞数量。正在发育的子房中存在细胞分裂素。通常认为,它是由根尖合成,通过木质部运送的。细胞分裂素能有效促进脐橙幼果细胞分裂,对防止脐橙第一次生理落果有特效。但外用细胞分裂素时,只限于施用部位,这就是生产上通常在脐橙树谢花 2/3 或幼果长至 0.4～0.6 厘米大小时,使用 200～400 毫克/升浓度(2%细胞激动素 10 毫升加水 25～50 升)的细胞分裂素进行喷果,可促进果实生长,具有良好的保果效果。

(二)诱导芽分化

在生长的脐橙树体中,细胞分裂素能促进侧芽的发生,因而具有消除顶端优势的效应。在腋芽处施用细胞分裂素,只促进这个腋芽的发育,对其上下的潜伏芽不产生效应。如果在茎顶端施用细胞分裂素,反而会使侧芽生长受到抑制,这可能与细胞分裂素不易移动,并能吸引营养物质的特性有关。

(三)延缓叶片衰老

延缓叶片衰老,是细胞分裂素特有的效应。叶片衰老的外观表现是叶绿素破坏,叶片变黄。如果将离体叶片漂浮在细胞分裂素溶液中,可以很长时间保持绿色;如果将细胞分裂素滴于离体叶片上,置于暗处,几天后可以观察到,整个叶片除滴有细胞分裂素的部位外,其余部分都已变黄,惟独滴有细胞分裂素的部位仍保持绿色。细胞分裂素能延缓叶片衰老,一方面是细胞分裂素能抑制核酸酶和蛋白酶的活性,延缓核酸、蛋白质和叶绿素的降解;同时它能吸引营养物质向其应用部位移动。

四、乙烯的生理效应

(一)促进果实成熟

生产上为促进果实成熟而常用的是乙烯利。在施用后可释放出乙烯,对脐橙果实有促进成熟的作用。幼果中乙烯浓度很低。当细胞间隙中的乙烯含量达到最高生理浓度时,恰恰是果实临近成熟之前,也是呼吸跃变发生之前。因此,呼吸跃变和果实成熟,是乙烯产生与累积的结果。使用乙烯利可对脐橙果实催熟。其使用方法,有树上喷药、涂果和采后浸果三种。树上喷药,可在脐橙果实果顶出现黄色时,喷施浓度为200～250毫克/升的乙烯利加1%的醋酸钙溶液。涂果较费时,生产上应用较少。采后浸果,可将采收的脐橙果实放在浓度为500～800毫克/升的乙烯利溶液中浸泡数秒钟,以果实初具鲜食熟度时处理为宜。经处理过的果实,均可提前1～2周成熟。也可将脐橙提前10天左右采收,经挑选后,放在温度为16℃～22℃,空气湿度为90%～95%,并充加浓度为5～10毫克/千克乙烯的贮藏库内,进行催熟,3～4天后果实可达到正常成熟时的色泽。

(二)促进器官脱落

在脐橙果实的自然脱落过程中,伴随着乙烯含量的增加。当乙烯浓度达到一定量时,会促使花、果实和叶的脱落。若施用高浓度的乙烯利,则幼嫩叶片也会脱落。生产中应当严格控制乙烯利的使用浓度。

(三)抑制伸长生长

乙烯对脐橙根、茎的伸长生长,均有抑制作用。乙烯对生长的抑制,主要是由于它抑制了组织中的细胞分裂。另外,其抑制作用也表现在降低组织中生长素的运输能力,从而减少了生长素的供应。

五、脱落酸的生理效应

(一)促进器官脱落

促进器官脱落,是脱落酸的重要生理作用之一。在衰老的叶片和成熟的脐橙果实中,脱落酸含量升高,因而引起脱落。外施脱落酸溶液于脐橙上,能有效地促进果实和花的脱落。

(二)促进气孔关闭

气孔运动受脱落酸的调节。例如在脐橙水分亏缺的条件下,叶片内会十分迅速地累积脱落酸,促进气孔关闭。外施脱落酸水溶液于叶片上,可在3～9分钟内引起气孔关闭,降低蒸腾速率。

(三)增强树体抗逆性

近年来的研究发现,在干旱、水涝、高温、寒冷和患病等逆境条件下,脐橙体内游离脱落酸的含量增加,从而提高脐橙的抗逆性。

六、芸薹素的生理效应

天然芸薹素(油菜素内酯),能激发植物内在潜能,增强多种酶的活性,提高植物自身活力;增加叶绿素含量,提高光合作用强度;具有促根壮苗、保花保果、提高产量和改善果实品质的作用;同时能增强植物的抗病性,对防止病毒病有特殊效果。如生产上在脐橙树谢花2/3或幼果直径达0.4～0.6厘米时,用0.15％天然芸薹素乳油稀释5 000～10 000倍,进行叶面喷施,每667平方米喷布20～40升,具有良好的保果效果。

第三节　主要生长调节剂在脐橙生产上的应用

一、生长素的应用

生长素，是最早被发现的植物激素。它广泛存在于植物体中，如存在于根、茎、叶、花、果实和种子中等，但主要分布在生长旺盛的部位，如幼嫩的种子、胚芽鞘、芽和根尖端的分生组织与形成层中等。在衰老的组织和器官中，生长素的含量是很低的，每克鲜重植物材料中，一般含 10～100 纳克生长素。

植物的旺盛生长部分，如幼嫩的茎尖、扩展中的幼叶、幼胚和生长中的果实与种子等，是合成生长素的主要部位。组织培养的试验证明，根尖也能合成生长素。

生长素在植物体中受到生长素氧化酶的作用，不断地被分解。这是生产上不使用生长素，而是使用类似物如萘乙酸(NAA)和 2,4-D 等主要原因之一。目前，生长素主要用于植物组织培养中诱导愈伤组织和根的形成。

生长素在植物体内的运输是一种极性运输。它只能从形态学上端运向形态学下端，而不能进行相反方向的传导。

人工合成的具生长素活性的化合物主要有：

(一)吲哚乙酸及其使用方法

吲哚乙酸又名生长素，简称 IAA，是植物体内普遍存在的一种激素。纯品为白色结晶，工业品呈黄色或粉红色，熔点为 168℃～169℃。见光后迅速变成玫瑰色，活性降低。微溶于水、氯仿和苯，易溶于乙酸乙酯、乙醚和丙酮。在酸性条件下易失去活性，在碱性条件下较稳定。能影响细胞分裂，促进细胞伸长，愈伤组织分化生根，对营养器官和生殖器官生长、成熟和衰老都有影响。

剂型：有粉剂、可湿性粉剂及片剂等。

使用方法：在脐橙生产上，常用于组织培养，以及诱导愈伤组织形成和根的形成，一般使用浓度为 1～10 毫克/升。

(二)萘乙酸及其使用方法

萘乙酸又名 NAA，α-萘乙酸。原药纯品为白色无味结晶，熔点为 130℃，易溶于乙醇、丙酮、乙醚、氯仿、苯和醋酸等有机溶剂，几乎不溶于冷水，但易溶于热水。80%萘乙酸原粉为浅土黄色粉末，熔点为 106℃～120℃，水分含量小于 5%。性质稳定，在常温下贮存，其有效成分含量变化不大。萘乙酸盐溶于水，其溶液呈中性，遇碱生成 α-萘乙酸，呈白色结晶。该药剂性质稳定，不可燃，与碱生成水溶性盐类。在贮藏期间不易失效，接触潮气易潮解，遇光易变色。对高等动物低毒，原粉对大白鼠急性经口毒性 LC_{50}（半数致死浓度，下同）为 1 000～5 900 毫克/千克，对皮肤和黏膜有刺激作用。

α-萘乙酸为类生长素物质，是一种广谱性植物生长调节剂，可经叶片、嫩梢表皮和种子等部位，进入植物体，并输导至作用部位。低浓度时，可促进细胞分裂与扩大，诱导形成不定根，增加坐果，防止落果，改变雌雄花比率等；高浓度时可引起内源乙烯的生成，有催熟增产作用。

剂型：80%粉剂，2%钠盐水剂，2%钾盐水剂，40%水剂。

使用方法：脐橙采前 5～21 天全株喷（应喷湿果柄）5～20 毫克/升浓度的萘乙酸液，可防止采前落果。开花后 10～30 天，喷施浓度为 200～300 毫克/升的萘乙酸液可疏果。

注意事项：①萘乙酸难溶于水，使用时可先用少量酒精溶解，再加水至所需浓度；或先用少量水调成糊状，然后加碳酸钠，边加边搅拌，再加水至所需浓度；或用沸水溶解后，加水至所需浓度。②不同树种甚至不同品种对萘乙酸的敏感度不同，因此应严格掌握用药浓度和时期。低浓度时可刺激植物生长，高浓度时则抑制植物生长。③萘乙酸对皮肤和黏膜有刺激作用，操作时应防止手、脸和皮肤接触该药，并且不要抽烟、喝水或吃东西。工作完毕后应及时洗手和洗脸。④田间喷药时应选择无风的晴天，在气温高时进行。萘乙酸可与杀虫、杀菌等农药及化肥混用。若喷后短期内遇雨，则须补喷。

(三)2,4-D 及其使用方法

2,4-D 为 2,4-二氯苯氧乙酸，又名 BH。纯品为白色结晶，无臭味，不吸湿，熔点为 114℃。工业品为白色或浅棕色结晶，稍带酚气味，熔点为 135℃～138℃。微溶于水，易溶于乙醇、乙醚、丙酮和苯等有机溶剂。一般均制成钠盐、铵盐或酯类使用。本品属中毒农药，大白鼠急性经口毒性 LC_{50} 为 375 毫克/千克，急性经皮毒性 LC_{50} 为 1 500 毫克/千克。对鱼安全，对蜜蜂毒性大。

2,4-D 为苯氧化合物中活性最强的植物生长调节剂，比吲哚乙酸活性大 100 倍。高浓度时为广谱性除草剂，低浓度时可作为生长调节剂，对根系生长、保花保果和形成无核果有作用。

剂型：80%2,4-D 钠盐粉剂，55%2,4-D 铵盐水剂，72%2,4-D 丁酯乳剂。

使用方法：脐橙果实采收后，在 1～3 天内用 2,4-D 200～250 毫克/升浓度液，与多菌灵、多效唑等防腐剂混用，进行洗果，可防止果蒂萎缩，保持果蒂新鲜，抵抗病菌侵入，起到防腐保鲜的作用。需要打蜡的果实，可将2，4-D液加入蜡液中，并加入杀菌剂，防腐保鲜效果更好。

注意事项：①2，4-D单粉不溶于水，使用时应用少量水调成糊状，再加入适量的氢氧化钠溶液，使之溶解，再加水至所需浓度。②2，4-D作为除草剂使用时，注意其对双子叶植物，如果树、瓜类和豆类等，有药害和杀伤作用。③2，4-D原粉不能与食物、种子和肥料一起贮藏。其用剩的药不能随便乱倒，用过2，4-D的器械，一定要洗干净。可用5～10克纯碱清洗，或泡浸10小时左右，再清洗干净。

二、赤霉素的应用

赤霉素，从发现到最后鉴定，经历了60年的历史。1898年日本人在研究水稻恶苗病时首先发现，到20世纪50年代才得以大量提取分离。这种物质存在于赤霉菌中，当时称为赤霉酸，就是现在所称的GA_3。被广泛应用于果树生产中。

赤霉素普遍存在于植物体中，所有的植物器官中都含有赤霉素，但主要分布在生长旺盛的部位，如茎尖、嫩叶、根尖、果实和种子等处。

在植物体内，赤霉素的降解速度很慢，但它很容易与其他物质结合转变为束缚态赤霉素。束缚态赤霉素是贮藏形式，不表现生理活性。在种子发育过程中，自由态赤霉素逐渐转变为束缚态赤霉素，贮藏在种子中。在种子萌发过程中，束缚态赤霉素解去束缚，成为自由态赤霉素，促进幼苗的生长。

赤霉素又名“九二〇”、赤霉酸和GA_3。纯品为白色结晶，工业品为白色结晶粉末，含量85％以上，熔点为233℃～235℃，溶于酒精、丙酮、甲醇、乙酸乙酯和pH6.2的磷酸缓冲液中，微溶于水，难溶于煤油、氯仿、醚和苯，其钾、钠盐易溶于水。遇碱分解，在酸性溶液中稳定，水溶液中不稳定，加热至

60℃以上时分解失效。小白鼠急性经口毒性 LC_{50} 大于 2 500 毫克/千克,大白鼠急性经口毒性 LC_{50} 为 6 300 毫克/千克。

赤霉素为一种广谱性植物生长调节剂,是多效唑、矮壮素等的拮抗剂。赤霉素经叶片、嫩枝表皮、花、果实等部位进入植物体,传导到生长活跃的部位起作用。赤霉素对植物生长的主要作用是,通过刺激植物体内生长素的生物合成,抑制生长素的分解,促进细胞伸长,加速生长,诱导单性结实,促进果实生长,打破休眠,保花保果等。

剂型:85%原粉,片剂(每片 25 毫克),4%乳油。

使用方法:脐橙谢花 2/3 和谢花后 10 天左右,对树冠分别喷洒一次浓度为 30～50 毫克/升的赤霉素液,可明显提高坐果率;花量较少的脐橙树,谢花后对幼果涂布浓度为 100～200 毫克/升的赤霉素液一次,保果效果十分显著。

注意事项:①赤霉素原粉不溶于水,可先用少量酒精或 60 度烧酒溶解后,加水稀释至使用倍数。配药时不可加热,水温不得超过 50℃。宜放置在低温、干燥的地方贮存,忌高温。②赤霉素稀释液易分解,应现配现用。不可与碱性农药混用,以免失效。③使用赤霉素易引起新梢徒长,应慎重喷用。

三、细胞分裂素的应用

20 世纪 50 年代初,Skoog 等在烟草髓组织中进行组织培养时,观察到在只含生长素的培养基上,髓细胞进行有限生长而不进行细胞分裂,如加入一块维管束组织,则可进行强烈的细胞分裂,这证明维管束中含有一种可扩散的促进细胞分裂的物质。Skoog 等还发现:如果在培养基中加入酵母提取液,也能促进烟草髓组织的细胞分裂。后来证明,在酵母提取液中促进细胞分裂的因子是 DNA 的降解产物，命名为激动素，它是腺嘌呤的衍生物，并非是植物组织中的内源生长物质。

植物组织中天然的细胞分裂素，是 1964 年 Letham 从未成熟的甜玉米种子中分离出来的，称为玉米素，也是腺嘌呤的衍生物。它与激动素的不同之处是：玉米素在腺嘌呤的 6-氨基上的侧链为异戊二烯基，而激动素为呋喃甲基。人工合成的具有细胞分裂素活性的物质，也是腺嘌呤的衍生物。生产上应用最多的是激动素。

细胞分裂素普遍存在于植物体内，主要影响细胞分裂和分化过程，也称激动素，正在发育的子房中存在细胞分裂素，通常认为它由根尖合成，通过木质部运送到地上部分，在生长素存在的条件下，促进细胞的分裂和组织分化，而外用细胞分裂素时，只限于施用部位。它能有效促进脐橙幼果细胞分裂，对防止脐橙第一次生理落果有特效，但防止第二次生理落果的效果比赤霉素差，甚至无效。

剂型：0.5%乳油；1%，3%水剂；99%原药。

使用方法：脐橙谢花 2/3 或幼果 0.4～0.6 厘米大小时，用细胞激动素 200～400 毫克/升（2%细胞激动素 10 毫升加水50～25 千克）喷果，具有良好的保果效果。

注意事项：①不得与其它农药混用；②喷后 6 小时内遇雨应重喷；③烈日和光照太强，对细胞激动素有破坏作用，以在早晚施药效果较好。

四、乙烯的应用

早在 20 世纪初就已经知道乙烯对果实有催熟作用，并发现新鲜果实可产生乙烯，当时称之为“成熟激素”。20 世纪 60

年代初，由于气相色谱仪的应用，才最终确定乙烯为一种植物激素。乙烯是一种结构简单的不饱和碳氢化合物，在常温常压下呈气态，作为调节剂应用很困难。在60年代末期发明了乙烯发生剂后，才获得了极为广泛的应用。在生产上应用最普遍的是乙烯利(2-氯乙基膦酸)。乙烯利是一种水溶性乙烯发生剂，经使用被植物组织吸收后，乙烯利分解，释放出乙烯而发挥其生理效应。

乙烯广泛分布于植物的各个组织和器官中，如根、茎、叶、花、果实、种子和块根、块茎中，均含有乙烯，其中以分生组织、萌发的种子和成熟果实中含量最高。

生产上应用最普遍的是乙烯利。乙烯利，又名一试灵，是一种乙烯释放剂，为有机磷酸。纯品为针状无色结晶，熔点为74℃～75℃(分解)，极易吸潮，易溶于水、乙醇、乙醚、甲醇，微溶于苯和二氯乙烷，不溶于石油醚。对高等动物低毒，小白鼠急性经口毒性 LC_{50} 为 4 229 毫克/千克。对鱼类低毒，对人的皮肤有轻微刺激作用，对黏膜有腐蚀作用。工业品乙烯利在常温下，pH<3.5 的强酸性介质中稳定，并随温度和 pH 值的增加，释放乙烯的速度也加快。

乙烯利经植物的叶片、嫩梢表皮、果实等部位，进入植物体内。植物吸收后，传导到起作用部位，在 pH 值>4 时，逐渐分解，释放出乙烯，对植物各种生理代谢产生反应。乙烯利在植物体内的韧皮部运行，产生的乙烯控制植物顶端优势，加速果实成熟和着色，促进叶片、果实等器官的脱落，控制性别分化，打破种子休眠等。

剂型：40％水剂，40％醇剂。

使用方法：脐橙果实着色前 10～15 天，喷浓度为0.025％～0.05％的乙烯利液，有催熟和促进着色的作用。

注意事项：①乙烯利原液稳定，但稀释后的水溶液稳定性较差，故乙烯利药液要现用现配，不可存放。②乙烯利呈酸性，遇碱后会分解释放出乙烯。因此，它不能与碱性药物混用，也不能与碱性较强的水配制药剂，否则易失效。③乙烯利生理活性强，使用时要针对树龄、树势情况灵活掌握，并应与其他技术措施相配合，如增施肥水等。不可用量过大，否则抑制作用过强。④使用乙烯利的最适气温为16℃～30℃，气温过低时适当增加使用浓度，气温过高时适当降低使用浓度。最好在天气干燥时喷施。遇雨须补喷，以免降低药性。⑤乙烯利具有强酸性，原液能与金属容器发生反应，释放出氢气，腐蚀金属容器。遇碱会分解释放出可燃易爆气体乙烯，在清洗、检查、选用贮存容器时必须充分注意，以免发生意外。作业完毕后，应立即充分清洗喷雾器械。⑥乙烯利对人的皮肤、黏膜和眼睛有强刺激作用，应戴手套和眼镜进行作业。如皮肤接触药液，应立即用水和肥皂液冲洗；如药水溅入眼内，要及时用大量的水进行冲洗，必要时应请医生诊治。

五、脱落酸的应用

脱落酸于1963年被发现，1965年确定其化学结构，1967年最后将植物体中普遍存在的这种具有生长抑制作用的内源激素，定名为脱落酸。

脱落酸存在于植物各类器官中，如根、茎、叶、芽、果实和种子中。在正常情况下，脱落酸的含量在10～50纳克/克(鲜重)之间。但在受到逆境胁迫时，脱落酸的含量会迅速升高，如植物受4～8小时干旱后，脱落酸含量会升高10～50倍；重新灌水后，又会在4～8小时内恢复到原来水平。

脱落酸的合成部位是叶片和根系。根部合成脱落酸的部位是根冠，叶片合成脱落酸的场所是叶绿体，有实验证明果实也能合成脱落酸。

脱落酸又名ABA。从植物中提取的脱落酸为无色结晶体，熔点为160℃～161℃，呈弱酸性，可溶于碳酸氢钠溶液、二氯甲烷、丙酮、醋酸乙酯、二乙醚、甲醇和乙醇，难溶于水、苯和挥发油。最显著的生物效应是促进离层形成，导致器官脱落。诱导种子和芽休眠，提高抗逆性。

人工合成的生长抑制剂和延缓剂主要有：

(一)青鲜素及其使用方法

青鲜素又称马来酰肼，简称MH，抑芽丹。纯品为白色结晶，熔点为296℃，工业原药纯度达97%以上，熔点大于292℃。微溶于水，在水中的溶解度为0.6%。其钾盐、钠盐、铵盐在水中的溶解度，分别为10%，20%和70%。微溶于醇，在酒精中的溶解度为0.1%。易溶于冰醋酸。青鲜素在酸性、中性、碱性水溶液中较稳定，在高浓度的碱和无机酸中，加热至200℃都不分解，但遇强酸则分解，放出氮。对高等动物低毒，大白鼠急性经口毒性LC_{50}为3 800～6 800毫克/千克。对鱼类低毒，对蜜蜂无毒。

青鲜素是一种暂时性生长抑制剂，在果园中，也可作为一种除草剂来使用。青鲜素被植物吸收，进入植物体后，在体内传导至生长点，集中于生长旺盛的分生组织，老熟的组织中积累少，抑制顶端分生组织的细胞分裂和破坏植物的顶端优势，起到抑制芽的生长和茎伸长的作用，但不抑制细胞膨大。在果树上应用，可抑制新梢生长，促进枝条提早成熟，提早休眠，增强越冬能力。

剂型：25%水剂，35%和50%可湿性粉剂。

使用方法：在脐橙夏梢萌动期喷三次0.08%青鲜素（纯

品），可有效抑制夏芽萌动和夏梢生长，提高叶片营养水平，促进果实增大，并有利于秋梢发生，恢复树势。

注意事项：青鲜素是一种除草剂，应严格掌握使用浓度。青鲜素在土壤中、土表和植物茎叶表面不易消失。在果实上应用应先做残留量试验，以免过量残留，对食用不安全。喷药后 12 小时内遇雨，应予补喷。

（二）矮壮素及其使用方法

矮壮素又名氯化胆碱，简称 CCC。纯品为白色棱状结晶，在 245℃时分解。原药为浅黄色粉末，在 238℃～242℃时分解。工业品有鱼腥味，晶体吸湿性强，易溶于水，不溶于苯、二甲苯、乙醇和乙醚，微溶于二氯乙烷和异丙醇。在中性或酸性介质中稳定，和碱混合加热会分解失效。对人、畜低毒，对大鼠急性经口毒性 LC_{50} 为 883 毫克/千克，对大鼠经皮急性毒性 LC_{50} 为 400 毫克/千克，对鱼毒性较高。植物根、茎、叶吸收后，其生物作用主要是抑制赤霉素的生物合成，抑制细胞伸长，不妨碍细胞分裂，抑制茎叶生长，而不影响器官发育。

剂型：50％水剂，93％粉剂。

使用方法：在脐橙新梢旺盛生长期，用 50％水剂 500 毫升，加水 500 升喷雾，每隔 15 天喷一次，连续喷三次，可有效抑制新梢生长，使新梢加粗，节间变短，叶片加厚，叶色浓绿，新梢提早成熟，增强树体抗寒力，促进花芽分化。

注意事项：①严格控制使用浓度。浓度过高会使叶片失绿，影响光合作用。若使用不当时，可用赤霉素减弱其作用。②矮壮素用作坐果剂时，虽然提高了坐果率，但降低了果实品质。若与硼酸混用，既可提高坐果率，增加产量，又不致降低果实品质。③本剂不能与碱性农药混用。若喷药后 4～5 小时内降雨，则须补喷。④矮壮素适用于生长壮旺的树体，长势较弱的树不能使用。⑤矮壮素不易被土壤微生物分解，一般可作土壤处理。不论是作土壤处理，还是进行叶片喷施，都要加强肥水管理。

(三)多效唑及其使用方法

多效唑又名氯丁唑，简称 PP_{333}。纯品为白色结晶，熔点为165℃～166℃。其溶解度，水中为35毫克/升，甲醇中为15%，丙二醇中为5%，丙酮中为11%，环己酮中为18%，二甲苯中为6%。稳定性(50℃温度条件下)至少6个月，稀释液在任何pH值下均稳定，对光也稳定。对高等动物低毒，大白鼠急性经口毒性和急性经皮毒性 LC_{50} 分别为1 500毫克/千克和1 000毫克/千克。对皮肤和眼睛有轻微刺激作用，对鱼类、鸟、蜜蜂低毒。

多效唑为一种高效持久的广谱性植物生长延缓剂，在果树上应用较多。可与一般农药混用。多效唑在植物体内降解很缓慢，但比在土壤中要快得多。在土壤中，多效唑半衰期为6～12个月。多效唑在植物体内的降解，主要依靠体内赤霉素的生物合成。多效唑药效期很长，活性谱非常宽，易被植物根系和叶片等吸收。可土施或喷施。土施药效可维持2～3年，并可在多年生枝干内贮存，以第二年效果最为明显；喷施药效仅维持2～3周，后期还会发生补偿性生长。多效唑抑制植物生长，其作用可通过赤霉素逆转，多效唑还有抑菌作用，又是杀菌剂。

剂型：15%可湿性粉剂，10%乳剂。

使用方法：在脐橙树上应用多效唑，可控制夏梢旺长，树冠缩小，同时叶片加厚，色泽浓绿光亮，光合作用增强，坐果率明显提高，抗逆性增强。可采用叶面喷布和土施两种方法。叶喷的浓度为0.15%～0.2%多效唑纯品，即取15%可湿性粉剂10.05～13.4千克，对水1 000升，在夏梢即将萌发前进行，喷至叶片滴水为度。土施于夏梢萌发前1～1.5个月进行，沿树冠外缘开浅沟，按树冠投影面积每平方米15%粉剂4克的用量，对水浇灌。多效唑的持效期较长，使用2～3年后，可停用1～2年。在脐橙开花期和幼果期，不宜使用多效唑，以免影响幼果生长。

在脐橙花芽生理分化阶段，树体内较高浓度的赤霉素对花芽分化有明显的抑制作用，而低浓度的赤霉素则有利于花芽分化。生产上使用多效唑促进脐橙花芽分化，是通过抑制体内赤霉素的生物合成，有效地降低树体内的赤霉素浓度来实现的。具体方法是：对生长势强旺的脐橙树，在8月中旬至12月份，对树冠喷施多效唑，浓度为500～1 000毫克/升，每隔15～20天喷一次，连续喷施2～3次。也可进行土壤浇施，用15%的多效唑按树冠每平方米2克的用量，对水浇施于树盘中。土施多效唑持效期长，可2～3年施一次。

注意事项：①多效唑用量过大、抑制作用过强时，可施用赤霉素或增施氮肥来解救，新梢可重新开始生长。②土施多效唑时，多效唑在土壤中不易分解，残效期长达3年，故在使用时应注意。③喷药时应严格掌握使用浓度，防止浓度过大，抑制作用过强，或用药浓度过小，收不到应有的效果。

六、芸薹素的应用

天然芸薹素（通用名称：Brassinolide，油菜素内酯），是美国学者米切尔（J. W. Mitchell）1970年首先在植物花粉中发现的。它是继生长素类、赤霉素类、细胞分裂素类、脱落酸和内源乙烯五大类激素之后的最新一类（第六类）植物内源激素，也是国际上公认为活性最高的高效、广谱、无毒植物生长调节剂。它普遍存在于植物体中(花、果实、种子和茎叶),以花粉中含量最高,如油菜花粉中芸薹素的含量达 10^5～10^6 纳克/千克。

天然芸薹素(油菜素内酯)能激发植物内在潜能,增强多种酶的活性,提高植物自身活力;增加叶绿素含量,提高光合作用强度;促根壮苗,保花保果,提高产量和改善果实的品质;同时能增强植物的抗病性,对防止病毒病有特殊效果。

天然芸薹素的剂型有:0.15%乳油,0.2%可溶性粉剂。

使用方法:油剂型(0.15%天然芸薹素乳油)需先用少许(200 毫升左右)温水搅匀至油状物全部溶解水后,再加水稀释至所需的浓度,即可使用;0.2%可溶性粉剂可直接加水稀释至所需的浓度,进行喷施。

脐橙谢花 2/3 或幼果 0.4～0.6 厘米大小时,用 0.15%天然芸薹素乳油稀释 5 000～10 000 倍,进行叶面喷施,每 667 平方米的喷液量为 20～40 升。喷后具有良好的保果效果。

注意事项:①不能与碱性农药、农肥混用。②若喷后 4 小时内遇雨,则应重喷。③在气温为 10℃～30℃时施用,效果最佳。

第五章 脐橙叶、花、果的综合调控

通常，脐橙栽培是通过改良土壤结构，来改善脐橙生长环境，以满足脐橙生长发育所需要的条件；通过培育和选择高产、优质和抗性强的新品种（品系），来进行繁殖和栽培；通过对脐橙树体进行整形修剪和疏花疏果，来调节树体营养物质的分配，从而达到丰产的目的。在脐橙的栽培过程中，运用现代科学管理的方法，采用调控技术，对脐橙的叶、花、果等器官，对果实品质与采收期，以及树体的抗逆性与缺素症等方面，进行科学的调控，使脐橙生产朝着"高产、优质、均衡供应、高效"的方向发展，这正是现代果树栽培所要求的。

第一节 保叶调控技术

脐橙叶片的主要功能是进行光合作用，合成各种有机营养物质。90％的有机营养物质是靠叶片制造的。这些物质成为脐橙的有机养分。脐橙叶片除了进行光合作用制造有机养料外，还具有贮藏养料的功能。脐橙叶片贮藏了 40％的养料，主要是氮素和大量的碳水化合物，它们是脐橙生命活动中至关重要的营养"源"。所以，叶片的大小与厚薄，色泽的深浅，是脐橙树体健壮与否的重要标志。正常落叶主要发生在春季春梢叶片转绿前后，多为树冠下部老叶片自叶柄基部脱落。叶片脱落时有 56％的氮素可回流树体被再利用。异常落叶，如外伤、虫害、药害和干旱造成的落叶，都是叶身先落，后落叶柄。但过早落叶，使叶片中的养分来不及转移而被丢失，造成冬季贮藏营养不足。叶片早落对脐橙树体生长、结果和越冬极为不利，直接影响到来年的产量。因此，在脐橙栽培过程中，保护叶片正常生长，提高叶片质量，增强光合效能，防止过早脱落，延长叶片寿命，使树体具有足够的贮藏养料。这些对脐橙生产至关重要。

一、落叶的原因

（一）树体营养不足

使树体生长健壮，叶色浓绿，光合作用强，制造有机养料多，这是防止落叶的最根本的措施。在树势弱的脐橙园，或地势低洼的脐橙果园被水淹，根系受损时，根系吸收功能差，树体营养不足，叶色差，极易出现树体缺素症。这就是通常所说的黄化树，并可导致大量落叶。因此，必须加强树体营养管理，做到科学施肥，使氮、磷、钾大量元素及微量元素，能够合理施用，并且主要施用有机肥和绿肥，防止片面施肥。基肥要尽量早施，以麸饼肥、禽畜粪肥等为佳。施肥时，要使肥料远离根部，以防止发生烧根现象，导致树体黄化，出现大量落叶的现象。同时，在春季雨水多的年份，要认真做好果园的排水工作，保证根系吸收功能正常。这样，就可以保证树体生长健壮，叶色浓绿，落叶少。

（二）内源激素失调

夏季高温干旱，叶片出现缺水现象时，强烈的光照及高温可使叶绿体产生光氧化，导致叶色减退。若缺水时间长，则会诱导叶肉细胞内产生脱落酸和乙烯，致使叶片衰老，甚至落叶。

（三）环境条件不良

内膛光照低于入射强度60％时，叶片即处于无效消耗状态，制造的有机养料少，呼吸消耗的养料多，使叶片营养不足，叶黄而薄。当春梢停止生长，叶片充分展开后，光照条件不良会引起内膛落叶。

夏季干旱，空气相对湿度低，加上高温，枝叶水分蒸发量大，破坏了树体正常的水分供应，从而导致脐橙树体出现水分平衡失调的现象。尽管此时土壤中尚有一定的水分，也会因树体蒸腾耗水量过大，根系从土壤中吸收的水分来不及补充蒸腾所消耗的水分，致使枝叶因失水而卷曲和枯萎，引起大量落叶。夏季干旱高温时突降大雨，也会造成落叶。这主要是与叶片不能马上适应降雨环境有关。

(四)栽培措施不当

脐橙树势强，功能叶片多，光合作用强，制造的有机养料多，叶色浓绿。树势弱，叶色差，有机营养不足，是导致树体叶片黄化，并出现大量落叶的主要原因。土壤施肥，无论是施无机化肥，还是施有机肥，几乎都是在肥料矿化成无机盐后，才能被根系吸收，并输送到叶片，在叶片中同化成树体的营养成分。这一过程只有在根系生长良好的条件下，才能得到保证。如果根系受害，或是果园积水，树体长时间被水淹，根系缺氧呼吸，造成烂根和黑根，吸收功能受阻，就会导致树体缺素症的发生，出现叶片黄化，产生大量落叶的现象。在春季雨水多的年份，要认真做好果园的排水工作。被水淹的果园要及时排水防涝，并补充树体营养，喷施 0.3%～0.5%尿素液加 0.3%磷酸二氢钾液或新型叶面肥——叶霸、绿丰素(高氮)、氨基酸和倍力钙液等，有利于树体恢复。树体缺肥，或施肥不合理，叶色差，叶片进行光合作用形成的有机产物少，树体营养不足，都会出现叶片黄化，导致大量落叶。施肥足的脐橙树，尤其是在氮、磷、钾大量元素及微量元素合理施用的情况下，叶色浓绿，落叶少。脐橙是忌氯果树，不能施氯肥。否则，氯中毒会导致大量落叶现象的发生。

(五)病虫危害严重

虫害常常引起大量落叶,如红蜘蛛、介壳虫、金龟子、卷叶虫和椿象等直接或间接吸吮树液,啃食绿叶,常常引起卷叶、落叶,对叶片危害极大。有的脐橙园,脐橙根系遭受白蚁危害后,引起树体黄化,也会造成大量落叶。病害也是引起落叶的一个主要原因,如溃疡病和炭疽病等,尤其是急性炭疽病,可造成大量落叶,对树体的生长发育影响极大。严重影响翌年产量,在脐橙生产上应引起高度的重视。

(六)农药造成损害

市场上的农药,绝大多数是有机合成农药。喷施到叶片上后,多驻留于叶细胞生物膜相中,导致生物膜功能的紊乱和损伤,叶绿细胞解体,出现水渍状半透明或淡黄色斑点、斑块或淡黄色失绿斑纹。农药的毒性愈大,对叶细胞的损伤就愈严重。生产上应避免使用伤叶严重的杀虫剂,如甲基1605、水胺硫磷、杀虫脒(霜)等。在农药施用过程中,应严格掌握施用浓度,并注意天气情况等。尤其是在高温季节,极易出现药害,灼伤叶片和果实。要避免药害的发生,防止伤叶伤果。

二、保叶的技术措施

(一)恰当调节营养

要加强栽培技术管理,注重科学施肥,合理施用氮、磷、钾肥,增施微量元素肥,多施有机肥和绿肥。要防止片面施肥。基肥以麸饼肥、禽畜粪肥等为佳。施肥要尽量早进行。所施肥料要远离根部,防止发生烧根现象,出现黄化树,引起大量落叶。要适当追肥,增加树体营养,保护叶片正常生长。在高温干旱季节,要及时地进行土壤灌水和叶面喷水,保护叶片的正常生理功能，以防止叶片干旱脱落。在秋梢老熟期间，除做好病虫害防治工作，防止异常落叶外，还要增加树体营养，对叶面喷施 0.2%中华大肥王液，0.2%硫酸锌液，0.1%～0.2%硼砂液，农人液肥 400 倍液，金葵广叶绿灵 800～1 000 倍液，1.8%爱多收 5 000～6 000 倍液等系列有机营养液，以提高叶片营养，促使叶片浓绿健壮，有利于叶片安全越冬。

(二)适量施用生长调节剂

在秋梢旺盛生长期，喷施植物生长调节剂，如矮壮素、多效唑等，可延缓新梢生长，有利枝梢老熟，树体健壮，尤其是可抑制晚秋梢的抽生，提高细胞液的浓度。这对于增强树势，防止叶片脱落，提高树体抗寒性，具有重要的意义。在脐橙新梢旺盛生长期，用 50%矮壮素水剂 500 毫升，加水 500 升喷雾，每隔 15 天喷一次，连续喷三次，可有效抑制新梢生长，使新梢加粗，节间变短，提早成熟，叶片加厚，叶色浓绿，增强树体抗寒力，以利于保叶。

(三)合理进行修剪

成年脐橙结果树发枝力强，易造成枝叶密闭，树体内膛通风透光条件差，病虫危害严重，叶色淡，落叶多。应采取以疏为主、疏缩结合的修剪方法，打开光路，疏除树冠内的过密枝、弱枝、下垂枝和病虫枯枝，去掉遮荫枝，改善树体通风透光条件，减少树体无效消耗，延长叶片功能期，提高叶片光合效能，光合作用强，积累养分多，叶色浓绿，有利于保叶。

(四)科学使用农药

生产上应避免使用伤叶严重的杀虫剂，如甲基 1605、水胺硫磷、杀虫脒(霜)等。在农药施用过程中，应严格掌握使用浓度，注意天气情况等，尤其是在高温季节，要严格控制使用波尔多液，因波尔多液在气温过高时，极易破坏树体水分平衡，造成药害，灼伤叶片和果实，使“花皮果”明显增多。要避免药害的发生，防止因药害造成大量落叶。

（五）及时防病治虫

在脐橙的栽培过程中，不少病虫害直接或间接地危害脐橙叶片，造成大量落叶，严重影响翌年产量，在脐橙生产上应引起高度的重视。一要加强栽培技术管理，合理施肥，增强树势，提高树体的抗病能力。二要及时防治病虫害，尤其是要加强对急性炭疽病的防治，防止异常落叶，保证树体有足够数量的叶片，叶色浓绿，是实现高产、优质、高效生产目的的根本保证。

第二节　促花技术

当前栽种的脐橙树几乎都是嫁接树。在精细管理条件下，栽后翌年即可见花，三年见果，四年投产，五年丰收。一些管理条件差的脐橙园，常常出现长树不见花或迟迟不开花的现象。这除了与栽培管理技术有关外，温度和雨量也可影响成花。对于这种树势旺、花量少或成花难的脐橙园，生产上应采取促进花芽分化的技术措施，以增加花量，提高产量。

一、断根促花

脐橙生长发育所需要的营养元素和水分，绝大多数来源于根系。脐橙生长在深厚的土层中，根系发达，可吸收深层土壤中的矿质营养和水分，以保证树体正常地进行光合作用、生理代谢和生长发育。此外，在根系的生长发育过程中，根尖生长点能产生大量的促进生长的内源激素，如细胞分裂素等，促进脐橙的生长。断根可以降低根系的吸收能力，减少树体对土壤中的水分、矿质营养的吸收量，使树体的生长受到抑制。

在根系受损后、新根长出来之前，根系不能产生足量的内源激素，使树体内促进生长的内源激素失去平衡，从而抑制树体的营养生长。一般断根后能在短时期内起到抑制生长作用，但在温度、水分、肥料条件适宜的情况下，受伤根系能很快愈合，并在断口处长出大量的新根，恢复并增强根系的吸收能力，进一步促进植株的生长。因此，断根调控要根据脐橙的生长发育期，结合果园的环境和气候条件，才能达到预期的目的。

脐橙花芽分化的主要环境条件，是低温和适当的干旱。生产上对生长势强旺或其他原因而迟迟不成花的脐橙树，采取断根制水促花的措施，可取得较好的效果。具体方法是：对生长势强旺的脐橙树，在 9～12 月份，沿树冠滴水线下挖宽 50 厘米、深 30～40 厘米、长随树冠大小而定的小沟，至露出树根为止，露根时间为 1 个月左右（图 5-1）。露根结束后，即

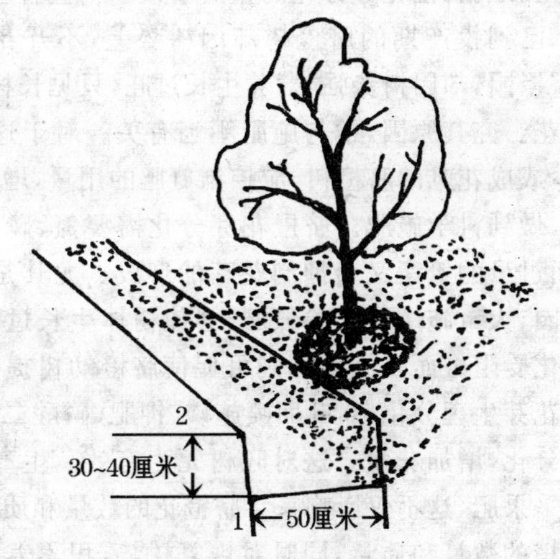

图 5-1 断根制水

1. 沟宽 50 厘米 2. 沟深 30～40 厘米

行覆土。春梢萌芽前10～15天，每株施尿素0.2～0.3千克，复合肥0.5千克，或腐熟人、畜粪肥25千克。应注意的是，断根制水促花的措施，只适合于冬季温度较高、无冻害或少冻害的地区，其他产区不宜采用。在冬季气温较低的脐橙产区，应控制灌水量，做到少灌水或不灌水。以保持土壤适度干燥，加上秋冬雨少，空气湿度低，树体细胞液浓度增高，有利于花芽分化。控水时间一般为1～2个月。控水适度以中午叶片微卷及部分老叶脱落为标准。对于有冻害的脐橙产区，秋冬低温来临之前，宜灌水。因为冻害会使叶片内水分结冰，形成生理缺水而加剧树体干旱程度，造成大量落叶现象。

二、控肥促花

施肥是影响脐橙花芽分化的重要因素。一些管理条件差的脐橙园，已到投产期的脐橙树却因树势差，不开花或开花少；有些脐橙园，却因树势强，营养生长过旺，只见长树不见开花或少开花。究其原因，常与施肥不当有关。对于这种树势旺、花量少或成花难的脐橙树，应控制氮肥的用量，增加磷、钾肥的比例，做到科学施肥。脐橙花芽分化需要氮、磷、钾及微量元素，而过量的氮素又会抑制花芽的形成。尤其是肥水充足的脐橙园，大量施用尿素等氮肥，会使树体生长过旺，从而使花芽分化受阻。而多施磷肥则可促使脐橙幼树提早开花。在脐橙的花芽生理分化期，叶面喷施磷、钾肥（磷酸二氢钾）可促使花芽分化，增加花量。这对旺树尤为有效。生产上要求认真施好采果肥，这不仅影响来年脐橙花的数量和质量，也影响来年春梢的数量和质量，同时对恢复树势，积累养分，防止落叶，增强树体抗寒越冬能力，具有积极的作用。采果肥以采果前（9～10月份）施比采果后（11～12月份）施要好。因为脐橙花芽生理分化一般在8～10月份开始，此时补充树体营养，有利于花芽分化的顺利进行。每株可施复合肥0.25千克，尿素0.25千克。采果后，可用0.3%～0.5%尿素加0.3%磷酸二氢钾或新型叶面肥——叶霸、绿丰素(高氮)、氨基酸和倍力钙等，叶面喷施2～3次，隔7～10天喷一次。

三、化控促花

脐橙的花芽分化，与树体内激素的调控作用关系密切。在花芽生理分化阶段，树体内较高浓度的赤霉素对花芽分化有明显的抑制作用，而低浓度的赤霉素则有利于花芽分化。生产上使用多效唑(PP_{333})促进脐橙花芽分化，是通过抑制树体内赤霉素的生物合成，有效地降低树体内的赤霉素浓度来实现的。具体方法是：对生长势强旺的脐橙树，在8月中旬至12月份，树冠喷施浓度为500～1000毫克/升的多效唑液，每隔15～20天喷一次，连续喷施2～3次。也可进行土壤浇施，用15%的多效唑液，按每平方米树冠2克的用量，对水浇施于树盘中。土施多效唑持效性长，可2～3年施一次。

四、刻伤促花

脐橙根系从土壤中吸收水分和矿质营养，通过木质部输送到地上部分，供树体生长发育所需要，而运输的速度与叶片的蒸腾作用产生的蒸腾拉力有关；叶片进行光合作用，产生的同化产物，通过韧皮部输送到地下部分，供根系生长所需。

树体刻伤的主要原理是，通过人为地刻伤韧皮部，使韧皮部筛管的输送功能受到阻碍，影响叶片光合作用产生的有机营养向根系输送，抑制了根系生长，制约根系的吸收功能，使根系吸收的矿质营养、水分和产生的促进生长激素减少，达到控制树体营养生长的目的。此外，由于树体刻伤后筛管的输送功能受阻，叶片光合作用产生的有机营养不会向根系输送，而增加了有机营养在树体内的积累，可以促进树体成花。树体刻伤切断韧皮部筛管的同时，刺激形成层细胞分裂，重新分化韧皮部各组织，也就是愈合刻伤的伤口。刻伤的伤口愈合以后，筛管的输送功能恢复，根系生长重新得到充足的营养，此时出现一个生长高峰期，根系的细胞分裂增加，吸收能力增强，促进了脐橙树体的营养生长。

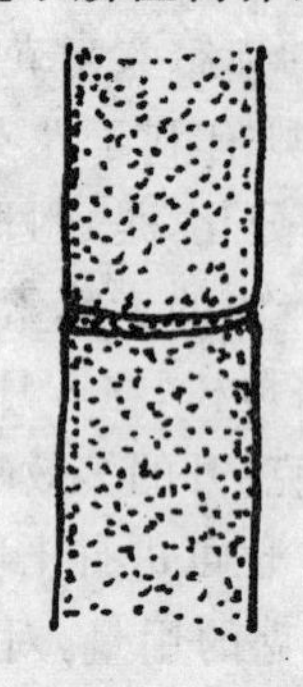

图 5-2 环 割

刻伤促花包括环割（图 5-2）、扭枝（图 5-3）等方式。用利刀对主干或分枝的韧皮部（树皮）进行环割一圈或数圈。经环割后，因只割断韧皮部，不伤木质部，阻止了有机营养物质向下转移，使光合产物积累在环割部位上部的枝叶中，枝叶中的碳水化合物浓度增高，改变环割口上

图 5-3 扭 技

部枝叶养分和激素平衡，促进花芽分化。环割适用于幼龄旺

长树或难成花壮旺树。具体方法是：6年生以内的树可于9～10月份在主干或主枝上进行错位对口环割两个半圈(图5-4),两个半圈相隔10厘米,也可采用螺旋形环割(图5-5),环割深度以不伤木质部为度。还可采用环扎(图5-6),即用14

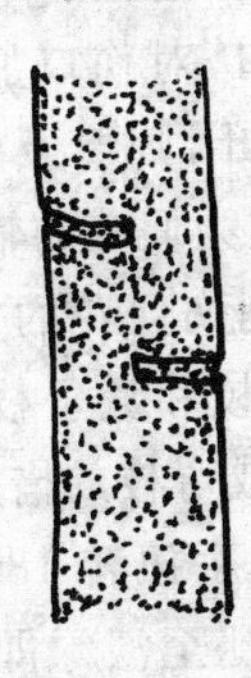

图5-4　错位对口环割两个半圈

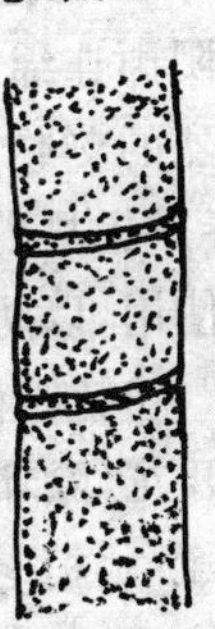

图5-5　螺旋形环割

号铁丝对强旺树的主枝或侧枝,选较圆滑的部位结扎一圈,结扎的深度为使铁丝嵌入皮层1/2～2/3。结扎后40～45天,叶片由浓绿转为微黄时,应拆除铁丝。特别强旺的树,可在9月下旬至10月上旬,于主枝或侧枝上进行环剥(图5-7)促花。环剥宽度一般为被剥枝粗度的1/10～1/7,环剥后及时用聚

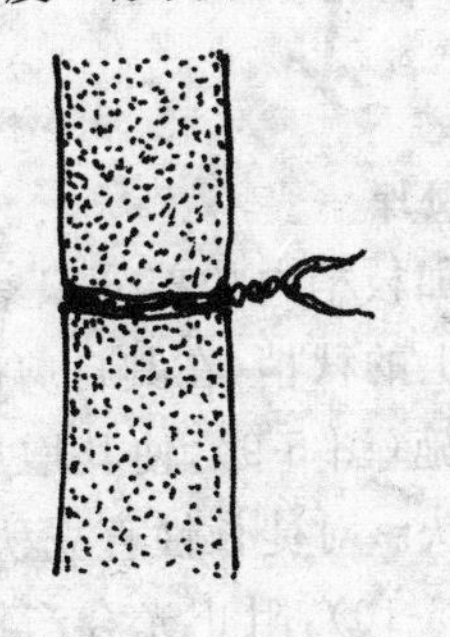

图5-6　铁丝环扎

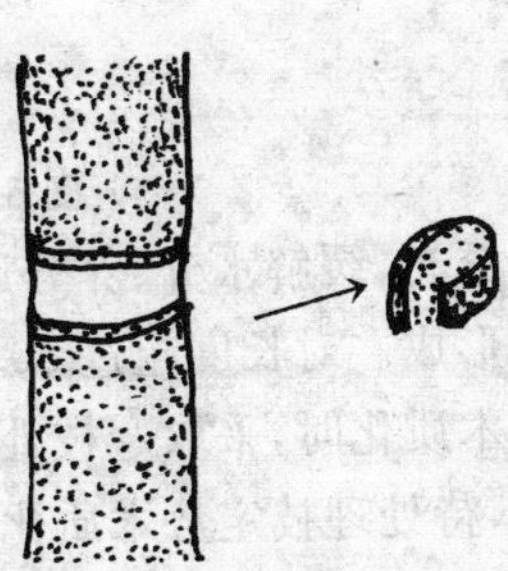

图5-7　环　剥

乙烯薄膜把环剥口包扎好，以保持伤口清洁和促进伤口愈合。值得注意的是，环割所用的刀具应用酒精或漂白粉消毒，以免传播病害。环割后需加强肥水管理，以保持树势健壮。环割后约10天，可见树冠褪绿，视为有效。环割宜选晴天进行。如环割后阴雨连绵，要用杀菌剂涂抹伤口，对伤口加以保护。环割是强烈的刻伤方法，若割后出现落叶，则要及时淋水喷水，并于春季提早灌水施肥壮花。环割作为促花的辅助措施，不能连年使用，以防树势衰退。另一种刻伤促花的方法是扭枝（弯枝）。幼龄脐橙树容易抽生直立强枝和竞争枝，要促使这类枝梢开花，除环割外，还可采用扭枝或弯枝的措施。扭枝的方法是，当秋梢老熟后，在强枝茎部用手扭转180°角。弯枝的方法是，用绳将直立枝拉弯，待叶色褪至淡绿即可解缚。扭枝、弯枝能损伤强枝输导组织，起到缓和生长势，促进花芽分化的作用。具体运用方法是：对徒长性直立枝，采用拉枝处理（图5-8）。即将枝梢拉斜加大分枝角度，削弱长势，使内膛

图5-8　拉枝处理

通风透光，缓解水分、养分运转，增加枝梢内的养分积累，促使花芽形成。对长度超过30厘米以上的秋梢，在其自剪后老熟前半木质化时，采取弯枝处理的措施（图5-9），使其增加养分积累，待处理枝定势木质化后松绑扶。对徒长性直立秋梢，在木质化前自基部进行扭枝处理（图5-10），阻止光合产物向下运输过快，使其积累养分，促使花芽形成。

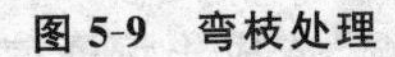
图 5-9　弯枝处理

图 5-10　扭枝处理

五、水分胁迫促花

脐橙生长所需要的水分和无机营养物质，主要是通过根系从土壤中吸收；而根系生长所需要的有机营养物质，主要是靠地上部分叶片光合作用所提供。水对于矿物质的溶解与被脐橙吸收，以及这些溶解物在脐橙体内的转移和分布，对于脐橙体内所有有机物的合成和分解等方面，均起到重要作用。因此，水分参与脐橙的整个生长与发育全过程。水分胁迫时造成脐橙吸水量减少，从土壤中吸收无机养分的量同时降低，随之代谢过程也受到抑制，当茎部氮素和磷素含量显著降低时，蛋白质合成受到影响，叶片内 RNA 和 DNA 的含量降低极快，因而抑制了细胞分裂，阻碍了新器官的分生和生长。另一方面，水分胁迫时，叶片的光合作用及碳水化合物代谢也受到影响。叶片气孔关闭，降低二氧化碳的吸收量，叶绿素含量下降，内源激素 ABA 含量增加，而 CTK 合成减少，促进叶片气孔关闭，阻止叶水势下降，提高转化酶活性，促进蔗糖向单糖转化和脯氨酸的积累，从而提高细胞的渗透调节能力。植物产生适度的水分胁迫，抑制了营养生长，积累了更多的同化物营养，增加了氨基酸含量，促进了花芽分化。但水分胁迫过重，植株严重缺水，会造成树体内许多生理代谢受到严重破坏，形成不可逆的伤害。缺水植株便停止生长，甚至枯萎死亡。

脐橙生长发育所需的水分，主要靠根系吸收，植株对土壤中水分的吸收能力，除了与其根系生长发育有关外，主要与土壤的含水量、土壤通气性有关。土壤过于干燥、含水量少，会制约根系的吸水能力。反之，土壤过湿，造成土壤通气不良，使根系生长受到抑制，从而妨碍其吸收能力。水分胁迫主要是通过降低土壤含水量，即制水来制约根系的吸水能力，达到控制营养生长的目的。由于脐橙体内含水量减少，细胞液浓度提高，因而可以促进脐橙花芽分化。

第三节　保花保果技术

脐橙是无核品种，开花多，落花落果也多。脐橙在经过落蕾落花、第一次生理落果、第二次生理落果和采前落果后，至果实成熟时，坐果的比率相当低，通常不到1%。据中国农业科学院柑橘研究所对脐橙的观察：营养状况好的脐橙树，营养枝和有叶花枝较多，脐橙的坐果率可达1.5%以上；而营养状况差的脐橙树，营养枝和有叶花枝较少，坐果率不到0.5%，甚至坐不住果。因此，在脐橙的栽培过程中，运用保花保果技术，尽量避免或减少非正常落花落果，创造幼果发育的条件，提高坐果率及产量，是达到高产、优质、高效栽培目的的关键。

一、脐橙落花落果的原因

(一)内在因素与落花落果

脐橙的落花落果就内在因素而言，是由脐橙本身的特性所决定的。第一是花粉和胚囊的败育。脐橙在植物学上是相对的雌性不育，绝对的雄性不育。不产生花粉，胚囊退化。因而发育不完全的畸形花特别多，早期即脱落。第二是没有受精。脐橙因花粉和胚囊败育，自身没有受精过程，而未受精的子房容易脱落。第三是胚和胚乳不能正常发育，胚珠退化，这是脐橙第一次生理落果的主要原因。树体有机营养的贮存量及后续有机营养的生产供应能力，是果实发育的制约因素。激素状态如何，可影响幼果调运营养物质的能力，进而影响到幼果的发育。

1. 树体营养与落花落果 树体营养是影响脐橙坐果的主要因素。脐橙形成花芽时，如果营养跟不上，花芽分化质量就差，不完全花比例就增大，常在现蕾和开花过程中大量脱落。有相当部分的小型花、退化花和畸形花，均是发育不良的花，容易脱落。据观察：营养状况好的脐橙树，营养枝和有叶花枝多，坐果率可达1.5%以上；而营养不良的衰弱树，营养枝和有叶花枝均少，坐果率在0.5%以下，甚至坐不住果。

脐橙大量开花和落花，消耗了树体贮藏的大量养分。据测定，1 000朵花含纯氮2克。如1株脐橙树开花5万朵，就相当于消耗纯氮100克，到生理落花落果期，树体中的营养已降到全年的最低水平。而这时新叶正在逐渐转绿，不能输出大量的光合产物给幼果，使幼果因养分不足而脱落。尤其在春梢、夏梢大量抽发时，养分竞争更趋激烈，因而加重了落果。

据中国农业科学院柑橘研究所观察：树势强弱不同的脐

橙树，花量差异大。6～8 年生枳砧华脐，弱树的花量为19 206 蕾/株，花量最多；强树为 2 122 蕾/株，花量较少；树势中等的树为 4 734 蕾/株，花量适中。花量适中的植株产量最高，并逐年递增，平均坐果率为 2.83%。强树因其花量较少，虽坐果率较高，达 1.58%，但产量仍低。弱树由于花量过大，花质差，落花落果严重，平均坐果率最低，为 0.41%，因而植株产量低，而且大小年现象明显(表 5-1)。不同类型的花枝，坐果

表 5-1　脐橙不同树势的花量及坐果率

项　目	花量(蕾/株)	坐果率(%)
树势强	2122	1.58
树势中庸	4734	2.83
树势弱	19206	0.41

也不一样。通常脐橙春梢多为花枝，营养枝很少，7 年生植株抽生的春梢中，花枝占 95.88%，营养枝占 4.12%。各类花枝中，有叶单花枝占 6.18%，有叶花序枝占 32.97%，无叶单花枝占 26.32%，无叶花序枝占 34.53%。一个花序，通常有3～6 个花蕾，多的可达 8～9 个花蕾。坐果率以有叶单花枝最高，达 3.55%；有叶花序枝居中，坐果率为 1.92%；无叶单花枝为 0.34%；无叶花序枝为 0.3%，坐果率最低(表 5-2)。因

表 5-2　7 年生脐橙树不同类型花枝的坐果率

花枝类型	所占比例(%)	坐果率(%)
有叶单花枝	6.18	3.55
无叶单花枝	26.32	0.34
有叶花序枝	32.97	1.92
无叶花序枝	34.53	0.3

此，加强栽培管理，增施有机肥，改良土壤结构，不断补给树体

养分,增强树势,有叶花枝数明显增加。与此同时,采用修剪、疏花等措施,减少树体养分消耗,从而调节生长与结果的关系。据试验,冬春修剪时,凡疏剪纤细春梢和弱秋梢,短截二次梢的植株,抽生的花序枝明显减少,修剪树的无叶花序枝和有叶花序枝分别为 7.79%和 8.14%;而不修剪的对照树,无叶花序枝和有叶花序枝,则分别高达 33.11%和 31.61%。经修剪的植株营养枝增多,修剪树为 39.75%,而对照树仅为 4.12%。这样,既控制了花量,又提高了花质,提高了坐果率,还抽生了一定数量的营养枝,为克服大小年结果,达到丰产稳产、优质、高效,打下了良好的基础(表 5-3)。

表 5-3　修剪处理对花枝及营养枝的影响

名　称	对照树中比例(%)	修剪树中比例(%)
营养枝	4.12	39.75
无叶花序枝	33.11	7.79
有叶花序枝	31.61	8.14
无叶单花枝	25.04	6.93
有叶单花枝	6.12	28.28

综上所述,有机营养从两个方面影响幼果的发育,一是直接为幼果发育提供营养;二是保证为幼果发育提供营养的叶片的正常生理机能。在树势弱,叶色差,无叶单花枝和无叶花序枝多的情况下,落花落果多,坐果率低;而树势强,叶色好,有叶单花枝和有叶花序枝多时,落花落果少,坐果率高。

2. 内源激素与落花落果　脐橙结果属单性结实,主要靠子房产生激素促使幼果膨大。泰勒研究认为:脐橙果实能产生几种内源激素,如吲哚乙酸、赤霉素类的多种异构物和脱落酸等。赤霉素可促进细胞伸长,增进组织生长,而脱落酸则是抑制生长和促进果实脱落。当果实中生长素含量减少时就发生落果，而赤霉素含量增高则有利于坐果，这主要是高浓度的赤霉素含量，增强了果实调运营养物质的能力。因此，应用生长调节剂来影响体内激素，可防止落果和增大果实。但是，在生产实践中，只有采取以增加有机营养为主，应用激素为辅的保果措施，才会收到良好的保果效果。

3. 萌梢与落花落果 成年脐橙树抽发大量夏梢，消耗有机营养多，幼果发育因营养不足而加重生理落果。为了缓和生长与结果的矛盾，在5～7月份，每隔3～5天，及时抹除夏梢，有利于坐果。也可使用生长调节剂控制夏梢。如在脐橙夏梢萌动期喷三次0.08%青鲜素(纯品)液，可有效抑制夏芽萌动和夏梢生长，提高叶片营养水平，促进果实增大。据江西省信丰园艺场(1976)试验，控夏梢比不控夏梢的脐橙产量提高4倍。

4. 叶幕与落花落果 脐橙叶片贮藏了40%的养料，其寿命可长达17～24个月，最长可达36个月。正常脱落的叶片，有56%的氮素可回流树体被再利用。叶幕厚，叶色浓绿，但不徒长(疯长)，对幼果发育有利，坐果率也高。

叶片既是有机营养贮藏库，也是幼果发育营养物质供应源。在幼果发育初期，阴雨天气多，光照严重不足，光合作用差，呼吸消耗有机营养多，幼果发育营养不足，造成大量落果，极易产生花后不见果的现象。

总之，保叶则保果，伤叶则伤果，无叶则无果。

(二)环境条件与落花落果

开花前后的气温对脐橙坐果率影响很大。湖南省农业科学院园艺研究所刘庚峰通过分析1981～1988年连续8年的气象资料与产量的关系，认为不适宜的气温是脐橙落花落果的重要原因。脐橙开花坐果最适宜的温度是15℃～20℃，如出现较长时间的高温或低温，都对开花坐果不利。特别是4月下旬时的平均气温对脐橙开花坐果影响较大，如果高于24℃，会引起当年产量下降。2003年夏季，江西赣南脐橙产区出现38.5℃～39.6℃的异常高温，脐橙落花落果严重，产量锐减。

生理落果期遇到高温干旱，干燥和热风会导致脐橙大量落果。美国脐橙主产区加利福尼亚州的高温干旱，是异常生理落果的主导因素，常使脐橙减产25%，这是一个有力的证明。中国农业科学院柑橘研究所李荣柱认为：高温引起生长素和赤霉素的破坏，使花和幼果中的赤霉素含量降低，造成花、幼果与叶片之间的养分竞争激烈而大量落果。

空气相对湿度，尤其是脐橙开花和幼果期的空气相对湿度，对坐果影响大，一般空气相对湿度在65%～75%时，脐橙坐果率较高。

在幼果发育初期，连续低温阴雨天气，光照严重不足，光合作用差，幼果营养不足，会造成大量落果。

(三)栽培技术措施与落花落果

树势强，功能叶片多，叶色浓绿，有叶花枝多，落花落果少；而树势弱，叶色差，有机营养不足，是导致落果的主要因素。

1. 施肥与落花落果　树体缺肥，叶色差，叶片进行光合作用形成的有机产物少，树体营养不足，落果严重。施肥足的脐橙树，叶色浓绿，花芽分化好，芽体饱满，落花落果少，坐果率高。氮肥施用过量，肥水过足，常常引起枝梢旺长，会加重落花落果。故芽前肥的施用应根据树势来定，在树势旺，结果少，可少施或不施；树势中庸，花量多的树，2月上旬每株可施尿素 0.25～0.5 千克或复合肥 0.5 千克。夏梢萌发前(5～7月份)要避免施肥,尤其是避免氮肥的施用。否则,会促发大量夏梢,从而加重生理落果。脐橙是忌氯果树,不能施氯肥。否则,氯中毒会导致落果。

2. 农药与落花落果 市场上的农药,绝大多数是有机合成农药。喷施叶片后多驻留于叶细胞生物膜相中,导致生物膜功能的紊乱和损伤,叶绿细胞解体,出现水渍状半透明或淡黄色斑点、斑块或淡黄色失绿斑纹。农药的毒性愈大,对叶细胞的损伤就愈严重。生产上应避免使用伤叶严重的杀虫剂,避免药害的发生,防止伤叶伤果,造成大量落果。

综上所述,有机营养不足导致落果,主要有三方面的原因:①树势弱,叶幕薄,健壮叶片少,叶片生理机能差,树体有机营养贮存少,生产能力小,树体本身有机营养不足而落果。②滥施肥料,特别是化肥,如有些果农热衷于施壮花肥、开花肥和谢花肥等,致使树体长梢,尤其是夏梢萌发,加重了梢果之间的矛盾,而导致落果。③滥用农药,甚至造成药害,农药伤叶即伤果,无叶则无果。

(四)病虫灾害与落花落果

从花蕾期直至果实发育成熟,不少病虫害会导致脐橙落花落果。如生产上看到的灯笼花,就是花蕾蛆危害所引起的落花。金龟子、象鼻虫等危害的果实,轻者幼果尚能发育成长,但成熟后果面出现伤疤;严重的会引起落果。而介壳虫、锈壁虱等危害的果实,果面失去光亮,果实变酸,直接影响果实品质和外观。此外,红蜘蛛、卷叶虫、椿象和吸果夜蛾,直接或间接吸吮树液,啃食绿叶,危害果实,都能引起严重落果。

台风暴雨和冰雹等袭击果实,落果更加严重。

(五)果实的生理障碍与落果

脐橙经落花和6月份第二次生理落果以后，还有两次明显的落果。即第一次是6月中旬至8月上旬，称夏季落果，主要是果脐变黄即“脐黄”引起。“脐黄”一般在6月份开始，7月份进入盛期，严重时可减产20%～30%以上。第二次是8月下旬至10月底，称夏秋落果。主要是裂果。发生时在脐部纵向开裂。也可发生在果实腰部。裂果是一种生理障碍，与果实形状和水分有关。一般果形指数(纵径/横纵)较小和开脐的品种，如朋娜脐橙，常从脐部裂开并腐烂。脐橙果实在迅速膨大期(7～9月份)，或久旱逢大雨或灌水，由于果肉和果皮生长速度不一，极易引起果皮爆裂，发生严重裂果。此外，日灼也可引起落果。

二、保花保果的技术措施

(一)喷施营养液

加强栽培技术管理，增强树势，提高光合效能，积累营养，是保果的根本。营养元素与坐果有密切的关系，如氮、磷、钾、镁、锌等元素对脐橙坐果率提高有促进作用，尤其是对树势衰弱和表现缺元素的植株效果更好。脐橙生产上常采用0.3%～0.5%的尿素液与0.2%～0.3%的磷酸二氢钾液的混合液，或用0.1%～0.2%的硼砂液加0.3%的尿素液，在开花坐果期进行叶面喷施。喷施次数依树势和花量而定，可连续2～3次，也可连续3～4次。新型高效叶面肥，如叶霸、绿丰素(高N)、氨基酸和倍力钙等，营养全面，可在生产中充分应用。

(二)施用生长调节剂

目前，用于脐橙保花保果的生长调节剂不少，主要有天然芸薹素(油菜素内酯)、赤霉素(GA_3)、细胞激动素(BA)及新型增效液化剂($BA+GA_3$)等。

1. 天然芸薹素(油菜素内酯) 该调节剂的剂型、使用方法及注意事项,参见第四章第一节中的相关内容。

2. 赤霉素(GA_3) 赤霉素在植物体内广泛存在,种类繁多,到1991年已发现86种。现在市场上卖的主要是GA_3(赤霉酸),就是通常所说的赤霉素类生长调节剂,也称"九二〇"。GA_3是生产上使用效果较好的保果剂,特别是对无核、少核品种(脐橙)的异常生理落果,防止效果明显。

赤霉素的剂型有:粉剂、水剂和片剂。

使用方法:粉剂水溶性低,用前先用95%酒精1~2毫升溶解,加水稀释至所需的浓度;水剂和片剂可直接溶于水配制,使用方便。脐橙谢花2/3时,用50毫克/升(即1克加水20升)赤霉素液喷布花果,两周后再喷一次;5月上旬疏去劣质幼果,用250毫克/升(1克加水4升)赤霉素液涂果1~2次,提高坐果率,效果显著。涂果比喷果效果好,若在使用赤霉素的同时加入尿素,保花保果效果更好,即开花前用20毫克/升赤霉素溶液加0.5%尿素喷布。

激素是调节剂,不是营养剂,可保果,但不长果。虽然赤霉素可使果实体积增大,但果实干重并不增加,出现长皮不长肉的现象,这就是脐橙生产上过多使用赤霉素保果产生浮皮果,不化渣的现象。

脐橙生产上使用激素防止生理落果时,常常会出现效果不一或产生药害,其主要原因如下:一是计算或称量时有误,使浓度过高或过低,产生药害或不起作用。二是赤霉素未被酒精充分溶解,配成1%的原液时,大量悬浮物浮于水面,使生长调节剂不能发挥作用。三是未掌握好喷布时间和喷布的最适天气。四是药液不是当天配制当天施用，而是一次配制用多天。五是生长调节剂放置时间过长已失效。六是栽培管理不善，如肥水管理、病虫害防治未跟上。

因此，在使用赤霉素保花保果时，应注意几点：①本品在干燥状态下不易分解，遇碱易分解，其水溶液在 60℃以上易破坏失效。配好的水溶液不宜久贮藏，即使放入冰箱，也只能保存 7 天左右。不可与碱性肥料、农药混用。②气温高时赤霉素作用发生快，但药效维持时间短；气温低时作用慢，药效持续时间长。最好在晴天午后喷布。③根据栽培目的，适时使用。否则，不能达到预期目的，甚至收到相反的效果。使用时，一定要严格掌握使用浓度，过高会引起果实畸形。④赤霉素不是肥料，不能代替肥料。使用赤霉素必须配合充足的肥水。若肥料不足，会导致叶片黄化，树势衰弱。⑤赤霉素可与叶面肥料混用，如与 0.5%尿素液、0.2%过磷酸钙或 0.2%磷酸二氢钾溶液混用，以提高效果。喷用时，应尽可能将药液喷在果实上。⑥使用赤霉素易引起新梢徒长，应慎重。

3. 细胞激动素（BA） 细胞激动素普遍存在于植物体内，主要影响细胞分裂和分化过程，也称分裂素。正在发育的子房中存在细胞分裂素。通常认为它由根尖合成，通过木质部运送到地上部分，在生长素存在的条件下，促进细胞的分裂和组织分化，而外用细胞分裂素时，只限于施用部位。它能有效促进脐橙幼果细胞分裂，对防止脐橙第一次生理落果有特效，但防止第二次生理落果的效果比赤霉素差，甚至无效。

细胞激动素的剂型有：0.5%乳油；1%，3%水剂；99%原药。

使用方法：脐橙谢花 2/3 或幼果 0.4～0.6 厘米大小时，用细胞激动素 200～400 毫克/升浓度液（2%细胞激动素 10

毫升加水 50～25 升)喷果。

注意事项：①不得与其他农药混用；②喷后 6 小时内遇雨应重喷；③烈日和太强的光照对细胞激动素有破坏作用，因此应在早晚施药效果较好。

4. 新型增效液化剂($BA+GA_3$) 中国农业科学院柑橘研究所研究表明，用细胞激动素防止柑橘第一次生理落果有明显效果，提出了用赤霉素和细胞激动素防止柑橘生理落果的方法。即在第一次生理落果前(谢花后 7 天)，也即果径 0.4～0.6 厘米大时，用细胞激动素 200～400 毫克/升浓度溶液加赤霉素 100 毫克/升浓度溶液涂果，具有良好的保果效果。防止第二次生理落果，单用细胞激动素无效。在第一次生理落果高峰后，第二次生理落果开始前保果，用赤霉素50～100 毫克/升溶液树冠喷施或用 250～500 毫克/升溶液涂果，效果良好。实验表明：第一次生理落果与细胞激动素有关，第二次生理落果与细胞激动素无关；而两次落果均与赤霉素有关，但赤霉素防止第一次生理落果效果比细胞激动素差。

值得注意的是，细胞激动素(BA)易溶于热酒精，在热水中的溶解性也较好，但在冷水中的溶解性差，极易出现悬浮和沉淀现象，影响保果效果。而赤霉素(GA_3)遇热水又极易分解失效，常因 BA 和 GA_3 溶解条件不同，难于使两者同时发挥其应有的保果作用。又加上配制手续烦琐，需要另加农用展着剂，配制好的水溶液有效期短等缺点，同时，各自的配比浓度难于掌握，影响保果效果。中国农业科学院柑橘研究所彭良志研制出新型增效液化剂($BA+GA_3$)产品，使用最新的助溶、助渗、稳定、防畸和高效展着技术，克服了细胞激动素难配制、易沉淀、难吸收和赤霉素水溶液易失效的缺点，直接加水即可使用，而且配好的水溶液有效期长，便于生产上应用。

新型增效液化剂(BA+GA_3)有两种类型:①喷布型。喷布方法不同,对保果的效果影响很大。整株喷布效果较差,对花、幼果进行局部喷布效果好,专喷幼果效果更好。因此,喷布时对叶面和枝条要尽量少喷。建议用小喷雾器或微型喷雾器对准花和幼果喷雾,保花保果效果好,而且省药,节省费用。②涂果型。涂果有两种涂法:全果均匀涂和果顶涂。两种涂果法的保果效果差不多。全果均匀涂,是指将一个果实的表面都均匀地涂湿,其优点是果实增大均匀,果型增大明显,但操作速度慢。果顶涂,是指将果实的顶部(脐部)涂湿,其他地方不涂。其优点是操作速度快,省工,还可以减少裂果。值得注意的是:涂果涂湿就行了,不要涂成流水状,更不宜涂在果梗或花梗上,否则会造成果实基部果皮加厚,影响商品价值。

使用增效液化剂(BA+GA_3),能有效地发挥两种激素的作用,可显著地提高脐橙坐果率。通常在谢花 2/3 时全树喷一次增效液化剂(BA+GA_3)或浓度为 50 毫克/升的赤霉素(GA_3),效果显著。或谢花后 5~7 天,用浓度为 100 毫克/升的增效液化剂(BA+GA_3),涂幼果的果蒂,或用小喷雾器喷幼果,效果更好,但易产生粗皮大果。

总之,花量少的树宜采用涂果型增效液化剂(BA+GA_3)涂果,在谢花时涂一次,谢花后 10 天左右涂第二次。花量一般的脐橙树,可在盛花末期先用喷布型增效液化剂(BA+GA_3)微型喷雾器喷布一次;谢花一周后,再用涂果型增效液化剂(BA+GA_3)选生长好的果实涂一次。对于花量较大,花的质量又较好的脐橙树,可在谢花时用喷布型增效液化剂(BA+GA_3)普遍喷布一次,谢花 10 天左右用微型喷雾器喷布一次。不同的保果方法,效果不同:采用保果剂保果效果显著，涂果优于微型喷雾器喷布，整株喷布效果较差。

(三)调节树体营养

树体营养是影响脐橙坐果的主要因素，调节好树体营养状况，有利于保花保果。

1. 抹除部分春梢营养枝和夏梢 初结果树的新叶与老叶之比，保持在 0.5～0.8∶1；成年结果树的新老叶之比保持在 1.0～1.2∶1，有利于稳果。生长过旺的树，适当抹除树冠中、上部的强旺春梢，减少梢果矛盾，可保幼果并促进其生长。在脐橙第二次生理落果期，要控制氮肥施用，避免大量抽发夏梢。在夏梢抽发期(5～7 月份)，每隔 3～5 天，及时抹除夏梢，有利于坐果。也可使用生长调节剂控制夏梢。如在脐橙夏梢萌动期喷三次浓度为 0.08%的青鲜素(纯品)液，可有效抑制夏芽萌动和夏梢生长，提高叶片营养水平，促进果实增大。也可在夏梢长至 2 厘米长时，对树冠喷施 15%多效唑 1 000倍液，可明显控制夏梢的萌发，避免与幼果争夺养分水分而引起落果。江西省信丰园艺场(1976)试验：控夏梢比不控夏梢的脐橙树，产量提高 4 倍。

2. 培养健壮秋梢结果母枝 脐橙春梢、夏梢、秋梢一次梢，春夏梢、春秋梢和夏秋梢二次梢，强壮的春夏秋三次梢，都可成为结果母枝。但幼龄树以秋梢作为主要结果母枝。江西省赣州市柑橘研究所调查，3～4 年生纽荷尔脐橙秋梢母枝结果占 76.1%～84.1%，夏梢母枝结果占 15.7%～21.8%，春梢母枝结果占 4.1%。随着树龄的增长，春梢母枝结果的比例逐渐增长，6 年生枳砧朋娜脐橙和纽荷尔脐橙的秋梢结果母枝，分别占 53.4%和 47.0%；二者的夏梢母枝结果量分别为 30%和 20%；春梢母枝结果量分别为 16.6%和 32.0%。进入盛果期后，则以春梢母枝结果为主。华中农业大学园艺系10年生枳砧朋娜脐橙和纽荷尔脐橙，春秋梢二次梢结果母枝所占比例分别为25.3%和21.4%；夏梢结果母枝分别为12.1%和17.5%；春梢结果母枝分别为62.6%和61.1%。结果母枝以春梢为主，但仍有相当数量的春秋二次梢母枝为良好的结果母枝。因此，必须加强土肥水管理，培育健壮的树势。夏剪前重施壮果促梢肥，剪后连续抹芽2～3次（每3～4天抹一次），待7月底至8月初统一放秋梢，培养大量健壮优质的秋梢结果母枝，这是脐橙结果园丰产稳产，减少或克服大小年结果的关键措施之一。生产上常见的树势衰弱，秋梢数量少而质量差，或冬季落叶多，花质差，不完全花比例增多，花果发育不良，是造成大量落果，产量低的主要原因。

(1)合理安排秋梢期　脐橙树过早放秋梢易抽生晚秋梢，消耗树体养分，影响花芽分化。过迟放秋梢，秋梢难老熟，易受冻，花芽分化质量差。因此，放秋梢的迟早要视地区、品种、树龄、树势、挂果量、气候条件及管理水平等情况而灵活掌握。既要有足够时间使秋梢生长充实，又要有利于抑制晚秋梢及冬梢萌发。其一般原则是：①盛产期挂果较多树、弱树宜放大暑—立秋梢。②挂果适中、树势中庸的青壮年树，宜放立秋—处暑梢。③初果幼龄树、挂果偏少的旺树，宜放处暑—白露梢。此外，树龄大，树势弱的可早些，反之则迟些；受旱的脐橙园宜早些，肥水条件好的脐橙园宜迟些。要避免在酷热、干旱、蒸发量大的环境下放秋梢。

(2)科学夏剪　夏剪一般在放秋梢前15～20天进行，以短截为主。其修剪对象为：

①营养枝　树冠上部营养枝留5～7片叶短剪，强枝留7片叶，弱枝留5片叶。

②结果枝　在大年结果多时，要促发多量秋梢。可采取

以果换梢的办法，选择仅有单果的强枝(也称单顶果枝)留4～5片叶后剪去果实，对幼果已脱落的强壮果枝，要剪除果梗一端，促使抽发整齐强壮秋梢。

③徒长枝　对搅乱树形的徒长枝从基部剪除。位置恰当，有利用价值的，可低于树冠15～20厘米短剪。

④落花落果母枝　多数有一定的营养基础，易促发秋梢。一般应剪到饱满芽的上方。可区别不同情况进行处理：第一，其上无春梢的弱小落花落果母枝，留1～2片叶后短截；第二，其上无春梢而较粗壮的母枝，留5～6片叶后短截；第三，其上有4～5个强壮的春梢，对外围较强春梢留3～4片叶后短截；第四，其上有春梢但少而弱，留5～6片叶后短截，并疏除其上的春梢。

⑤病虫枝、枯枝及丛生枝　对枯枝及严重的病虫枝，一律从基部剪除，树冠外围的丛生枝、郁闭枝，一般留枝丛下部两个较强的小枝，将以上部分剪去，以促进通风透光，抽发秋梢。

夏季修剪的程度如下：夏季修剪剪口的多少，视树龄、树冠大小和挂果多少而定。一般夏剪时剪去叶片总数量的15％～20％，保持脐橙结果树适宜的叶果比为60～70：1，切忌剪口过多。根据每个剪口可促发2～3个秋梢，第二年每枝秋梢大约能挂果1.5个。3～5年生的脐橙树每株剪口为10～25个；6～8年生树每株剪口为30～40个；10年生以上树剪口数可适当多些，从而更换衰老枝组，但以不超过60个剪口为好。

夏季修剪需要充足的肥水供应，才能攻出壮旺的秋梢。攻秋梢肥是一年中的施肥重点，应占全年施肥量的30％～40％，并且以施速效氮肥为主，配合施腐熟有机肥。一般提前在放梢前15～30天施一次有机肥(饼肥2.5～4千克/株)。

为确保秋梢抽发整齐健壮，也可在施完壮果攻秋梢肥的基础上，结合抗旱浇施一次速效水肥。如1～3年生幼树，可每株浇施0.05～0.1千克尿素＋0.1～0.15千克复合肥，或10%～20%枯饼浸出液5～10千克＋0.05～0.1千克尿素；对4～5年生初结果树，开浅沟（见须根即可）株施0.1～0.2千克尿素＋0.2～0.3千克复合肥，肥土拌匀后浇水，并及时盖土保墒；对6年生以上成年结果树，株施0.15～0.25千克尿素＋0.25～0.5千克复合肥，有条件的脐橙园可每株浇10～15千克腐熟稀粪水或枯饼浸出液。

放梢后还应注意做好病虫害防治工作，主要防治潜叶蛾、红蜘蛛、溃疡病和炭疽病等。防治时要做到"防病治虫、一梢两药"。具体防治措施为：第一次喷药时间是秋梢萌芽长1厘米时，喷好一次杀虫药（防治潜叶蛾和蚜虫）＋杀菌药（以防炭疽病为主）＋杀螨药（有红蜘蛛的果园）；第二次喷药时结合叶面施肥，待秋梢刚展叶转绿时（即隔第一次喷药时间10天左右），喷好一次杀虫药（防治潜叶蛾）＋杀菌药（以防治溃疡病为主）＋杀螨药（有红蜘蛛的果园）＋叶面有机营养液（促进秋梢老熟），保证秋梢抽发整齐和健壮。

总之，施肥、修剪还应结合灌溉和防病虫等管理工作，才能收到预期的攻秋梢效果。

(3)正确调控放秋梢　经过施肥攻梢和夏剪后，能刺激剪口以下枝桩的2～4个潜伏芽萌发，最初抽吐的1～2个芽应抹掉，等下边的芽萌发。同株树体位高的枝条先吐芽，抹去可促进低位的枝萌芽。同一果园的壮旺树先吐芽，可将其抹去等其他树一齐萌发。抹梢时，抹除零星抽生的早秋梢及春、夏梢顶端的直接梢。通过采取这样的抹芽调梢法，连续抹芽2～3次（每3～4天1次），直到每株树有40%以上的芽萌发，全园有40%以上的树正常萌芽后，才统一"放梢"。待新梢长出3～5厘米长时，疏除丛生梢、纤弱梢、并立梢，每一基枝上错开位置、按轮生分角度，选留2～4根健壮的优良中庸秋梢。

3. 改善通风透光条件 成年脐橙结果树发枝力强，易造成枝叶密闭，树体通风透光条件差，寄生叶片多，非生产性消耗大，坐果率低。对这种树应采取以疏为主、疏缩结合的修剪方法，打开光路，疏除树冠内的过密枝、弱枝和病虫枯枝，去掉遮荫枝，改善树体光照条件，以利于促进光合作用，积累养分，提高坐果率。在春季，应进行疏剪，疏除部分弱花枝，以减少花量，节约养分，以利于稳果。对花量过大的植株，应摘除部分花蕾，除去无叶花序花，以利于树势恢复，提高坐果率。

（四）调控肥水

加强肥水管理，可提高脐橙的坐果率。如在第二次生理落果前，减少氮肥的使用量，以减少夏梢抽发，减轻梢果矛盾，提高坐果率。提倡施用有机肥和绿肥，肥料元素要合理搭配，保持土壤疏松和湿润，不旱不涝，以增强树势，既为翌年防止生理落果打下基础，也可防止采前落果。花期和幼果期出现异常高温干旱天气，叶面喷水，土壤灌水，可有效降低叶温，提高坐果率。在果实的生长发育过程中，若春、夏季雨水过多，则要及时排除积水。遇旱（秋旱）时应及时灌水，以利于果实生长，并防止异常的落果。若采果前多雨，会使果实品质下降，应及时排水防涝。冬季适当控水，有利于脐橙花芽分化。在脐橙的栽培管理过程中，认真贯彻"春湿、夏排、秋灌、冬控"的水分管理措施，以确保产量和果实品质的提高。实践证明：脐橙园位于大水体附近，或周围有防护林、避风障；或脐橙园内生草；或覆盖其他作物等，都能调节园内的温度和湿度，有效地减少落果。

(五)环剥、环割与环扎

脐橙叶片进行光合作用,制造的有机营养物质,通过韧皮部输送到地下部分,供根系生长所需;而根系从土壤中吸收的水分和矿质营养,通过木质部输送到地上部分,供树体生长发育所需。环割、环剥和环扎保果的主要原理,是通过人为地损伤韧皮部,使韧皮部筛管的输送功能受到阻碍。一方面,影响叶片光合作用产生的有机营养向根系输送,抑制根系生长,制约根系的吸收功能,使根系吸收的矿质营养、水分和产生的促进生长的激素减少,达到控制树体营养生长的目的,减少养分消耗。另一方面,叶片光合作用产生的有机营养不能向根系输送,从而增加了有机营养在树体内的积累,使供应果实生长发育的养分增多,有利于保果。

1. 环　剥　在花期和幼果期,用利刀,如电工刀等,对主干或分枝的韧皮部(树皮),环剥一圈或数圈,可有效地减少落果。经环剥处理后,因只割断韧皮部,不损伤木质部,阻止了有机营养物质向下转移,使光合产物积累在环剥部位上部的枝叶中,使这些枝叶中的碳水化合物浓度增高,改变环剥口上部枝叶养分和激素平衡,促使营养物质流向果实,提高幼果的营养水平,有利于保果。具体方法是:在花期和幼果期,于主干或分枝上环剥一圈;或采用错位对口环剥两个半圈,两个半圈相隔 10 厘米;或采用螺旋形环剥,环剥宽度一般为被剥枝粗度的 1/10～1/7;环剥深度以不伤木质部为宜。对环剥口要及时用聚乙烯薄膜包扎好,以保持伤口清洁和湿润,有利于伤口的愈合。通常环剥后约 10 天即可见效,一个月可愈合。环剥宜选晴天进行。如环剥后阴雨连绵,则要用杀菌剂涂抹伤口,对伤口加以保护。

2. 环割与环扎　花期、幼果期用电工刀绕主干或分枝环割一闭合圈(宽度为 1～2 毫米),深达木质部,将皮层剥离。也可采用环扎手段,即用 14 号铁丝对强旺树的主枝或侧枝,选择较圆滑的部位环扎一圈,扎的深度为铁丝嵌入皮层1/2～2/3。扎至 40～45 天,叶片由浓绿转为微黄时拆除铁丝。经环割、环扎处理后,因韧皮部受损,阻止了有机营养物质向下转移,使光合产物积累在处理部位上部的枝叶中,促使营养物质流向果实,提高了幼果的营养水平,有利于保果。

值得注意的是,环剥、环割和环扎作为保果的辅助措施,是一项极为有效的措施,适宜于强旺树。环剥(环割)所用的刀具,最好用 75％酒精或 5.25％次氯酸钠(漂白粉)对 10 倍水稀释液消毒,避免病害传播。

(六)防病治虫

从花蕾期直至果实发育成熟,不少病虫害会导致落花落果,如溃疡病、炭疽病、红蜘蛛、介壳虫、金龟子、花蕾蛆、卷叶蛾、椿象和吸果夜蛾等,必须及时防治。一方面,要加强病害的防治,保证叶片数量多,分布匀,颜色绿,防止异常落叶,尤其是急性炭疽病的防治,对提高树体营养水平和坐果率,有积极的作用。另一方面,被金龟子、象鼻虫等危害的果实,轻者成熟后果面出现伤疤,严重者引起落果;而被介壳虫和锈壁虱等危害的果实,果面失去光亮,果实变酸,直接影响果实品质和外观。因此,加强病虫害的防治,对提高坐果率和果实品质至关重要。

(七)防止脐黄落果

脐橙果实脐部黄化,简称脐黄。脐黄落果 6 月份开始,7 月份进入盛期,尤其是朋娜脐橙,脐黄落果可减产 20％～30％或以上。

1. 脐黄落果的原因　脐黄是影响脐橙产量的一种病害,

通常有生理性脐黄、病理性脐黄和虫害性脐黄三种。生理性脐黄主要是营养失调和内源激素不平衡，导致次生果黄化脱落；病果起初在果脐基部出现淡黄色，而后黄色加深，扩展到整个果脐，使果脐萎缩。病理性脐黄主要由一些真菌侵染，当真菌侵染脐部后导致黑腐，小脐果的黑腐可扩展到主果，大脐果黑腐一般不扩大到主果。虫害性脐黄主要由害虫蛀食幼果而引起。

脐黄病的发生，具有以下特点：①脐黄与树龄和品种有关。一般树龄小脐黄率高，树龄大脐黄率低；脐孔大的品种，脐黄较严重，脐孔小或闭脐的品种，脐黄较轻。朋娜脐橙和罗伯逊脐橙比纽荷尔脐橙发病率高 7～10 倍。②脐黄与树势有关。据对罗伯逊脐橙的调查：强树、中庸树和弱树，其脐黄病发生率分别为 4.26%，16.03%和 41.67%。不同品种间，树势生长较旺的品种，脐黄发生率均较低。③脐黄与坐果部位有关。脐黄果在树冠顶、东、南、西、北和中等六个方位的分布率，分别为 9.86%，18.31%，32.39%，8.45%，16.9%和 14.08%。树冠南部脐黄果较多，而树冠西部和顶部则较少。不同坐果部位，脐黄果的发生率也有差异，通常树冠外围的朝天果、斜生果脐黄率较高，树冠中部和内部的果实发生脐黄较少。④脐黄与果皮厚度有关。果顶果皮较厚者，脐黄发生较少，脐黄果也难于脱落，而果顶果皮较薄者，脐黄发生较重。

2. 防止脐黄落果的技术 防止生理性脐黄，第一，应加强栽培管理，增强树势，增加叶幕层厚度，形成立体结果，减少树冠顶部与外部挂果，提高树体营养水平。这样，可有效地减轻脐黄落果。第二，在第一次生理落果前，当果径达 0.4～0.5 厘米时，喷布浓度为 12 毫克/升的鄂 T-2 保果剂溶液，即以每小包加水 15 升所配成的溶液。在第二次生理落果开始时，喷布浓度为24毫克/升的鄂T-2保果剂溶液,7月下旬至8月初再喷一次。这样,可有效地减少脐黄落果,提高坐果率。第三,在第一次生理落果前和第二次生理落果开始时,喷布浓度为10～20毫克/升的2,4-D溶液,连喷2～3次。在脐黄发生初期,用浓度为50～100毫克/升的2,4-D溶液,加浓度为250～500毫克/升的赤霉素所配制的药液,涂抹脐部,可使轻度脐黄的果实转青。第四,在第二次生理落果开始时,使用中国农业科学院柑橘研究所生产的"抑黄酯",其效果在70%以上。使用时,用"抑黄酯"每瓶(10毫升)加水300～350毫升,摇匀,在第二次生理落果刚开始时(在江西赣南为5月上中旬)涂抹脐部,涂湿润为止,效果较好,而且对第二次生理落果有良好的预防作用。第五,在幼果期喷1～2次浓度为20～40毫克/升的赤霉素溶液加0.3%的尿素液。第六,及时摘除严重黄化的果实。第七,在蕾期拉枝,使其斜立。斜立结果枝的果实比自然水平结果枝果实的脐黄病发生率显著减轻。

防治病原性和虫害性脐黄,可在"抑黄酯"稀释液中加入多菌灵、苯来特等杀菌剂和氧化乐果等杀虫剂,涂抹脐部,可减少脐黄落果。但要取得好的防止效果,应立足于加强田间管理,做好田间病虫害的防治工作。即在谢花85%～90%时,喷布70%甲基托布津800倍液加浓度为50毫克/升的赤霉素溶液。在第二次生理落果开始时,喷布70%甲基托布津800倍液加浓度为200～300毫克/升的赤霉素溶液。隔15天后,再喷一次。也可在第二次生理落果停止后开始,随时进行检查,发现脐黄病发生,即用小刀利尖沿脐黄外缘,将黄化部镟去或削除,使伤口呈漏斗形,然后涂多菌灵800～1 000倍液,或多菌灵800～1 000倍液加浓度为20～30毫克/升的2,4-D溶液。经这样及时处理的果实,伤口可完全愈合,果实成熟时仅在果顶留下一个小痕。此外，生产上采用“九二〇”200 毫克/升浓度液，加 2,4-D 100 毫克/升浓度液，加多菌灵 500 倍液的混合液，涂抹脐部，也可收到良好的防治效果。

总之，保花保果要因树制宜，有针对性地采取农业保果措施，才能收到理想的效果。

第四节　提高果实品质的调控技术

脐橙优质果的标准是：果实横径在 7.0 厘米以上及 9.0 厘米以下，且果面光滑，无病虫斑点，无日灼、伤疤、裂口、刺伤、擦伤、碰压伤及腐烂现象，色泽鲜艳，果形美观，果形指数（纵径/横径比）为 1.1 左右，平均果重 260～280 克，果肉脆嫩，汁多，化渣，无核，风味浓甜，富有香气，可溶性固形物含量为 13%～15%，耐贮运。随着市场经济的发展，人们生活水平的提高，对果品的要求也越来越高。果品的生产和销售，其价值及经济效益与果品的品质密切相关。因此，在脐橙的栽培过程中，在保证一定产量的前提下，努力提高果品的优质率，对提高产值至关重要。高产只有优质，才有高效。

一、影响果实品质的因素

（一）果实大小

果实大小是一种重要的商品性状。不同品种的果实大小不同。在脐橙果实中，果形较大者较好。果实的大小取决于树体叶片光合作用合成的有机物质的多少。有机物质积累多，果实的风味好，着色好，果形较大。树冠外部的果实，即外围果和上部果，多为大型果，果皮着色好，含糖量高；而树冠内部的果实，即内膛果和下部裙部果，是小型果，果皮着色差，含糖量低。同时，树冠外部果着生在枝梢的先端，养分、水分供给较多，光照条件好，着色好，果型大。但果皮较厚，易受阳光直射和风吹雨淋，果实表面粗糙，而且日灼果、伤果与裂果较多。过密栽培的脐橙树，树体通风透光条件较差，果实着色差，果实较小。

（二）果实外观

脐橙果实品质，除了含糖量、含酸量和固酸比等内质外，外观也是一项重要的品质指标。外观品质通常要求果形具有该品种的固有特征。其次是保持果面的光洁和完整，没有缺陷。另外，还应做到果实着色充分，均匀。

1. 果　形　果形具有该品种的固有特征，如朋娜脐橙呈扁圆形，纽荷尔脐橙呈椭圆形或长椭圆形，纳维林娜脐橙呈长椭圆形等。开花期早，果实品质好，且高腰果少；而开花期越迟，则果实含糖量低，柠檬酸含量增高，果实品质下降。开花期气温的高低对果形有一定的影响，花期温度应不高于30℃，不低于15℃，以减少高腰果和畸形果的发生。

2. 果　面　果面光洁，无缺陷，是脐橙果实优质果的重要标志。造成脐橙果实表面缺陷的主要原因如下：

（1）病虫危害　如脐橙疮痂病、溃疡病、黑斑病、黑点病（沙皮病）、灰霉病、煤烟病和油斑病等引起的果面缺陷，各类虫害，如金龟子和象鼻虫等危害的果实，果面出现不正常的凹入缺刻，严重地引起落果，危害轻的幼果尚能发育成长，但成熟后果面出现伤疤，影响商品果率。而介壳虫和锈壁虱等危害的果实，果面失去光亮，果实变酸，直接影响果实品质和外观。

（2）果皮生理障碍引起的伤害　如脐黄和裂果，严重地影响果实外观。此外，日灼果对果品的影响也很大。

（3）药　害　杀虫剂多数为有机合成农药，极易损伤幼果，特别是在高温季节。盛夏气温高时使用波尔多液，极易破坏树体水分平衡，出现药害，灼伤果实，出现“花皮果”，损伤果实表面，影响果实外观。生产上采用激素保果时，在使用不当的情况下，如过多使用赤霉素（九二〇）保果，则会出现粗皮大果、贪青和不化渣等现象，浮皮果增多，影响果实品质，商品价值下降。

(4)机械损伤 一些机械损伤，如碰伤、刺伤和挤伤等，对果实造成的伤害，严重影响果实外观。在大风口种植的脐橙，风害造成果实擦伤，也影响到果实的外观，要求在新建脐橙园时，应避开大风口，或者在主风道营造防护林等，以减少果实与枝梢间的摩擦，减轻伤害。

3. 着 色 树冠外部的果实，即外围果和上部果，多为大型果，着生在枝梢的先端，养分、水分供给较多，光照条件好，多为大型果，着色好，果实含糖量高，品质好。过密栽培的脐橙树，树体通风透光条件较差，果实着色差，果实较小，品质差。采果前的阴雨连绵，就会降低果实着色、品质和耐贮性。

(三)果实风味

糖酸是构成果实品质的主要因素，果实品质的变化主要是糖、酸的变化，通常以固酸比（可溶性固形物含量/酸度）来评价。固酸比对果实风味的影响很大。若比例不当，就会使人感到偏酸或偏甜。由于含糖量的测定较为复杂和不便，实际上以手持式折光仪（糖度计）（图 5-11）测定可溶性固形物的含量来代表含糖量。鲜食橙汁中含酸低，含糖高，风味品质就好；反之，风味就差。

1. 含糖量 影响果实含糖量的因素很多。光照是影响果实糖度的主要因素。果实生长发育期，光照条件好，果实含糖量高。其次，土壤有机质含量对果实含糖量影响也较大。在土壤有机质含量高的果园，果实含糖量高，风味品质好。但土

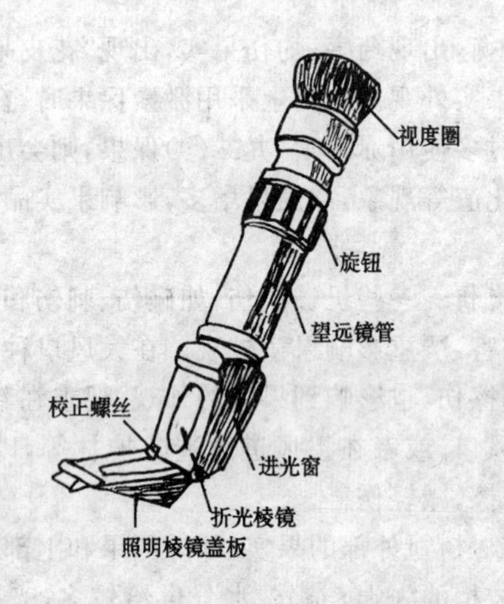

图 5-11　手持式糖度计

壤水分过多，果实风味偏淡；若适当地干旱，果实口感较甜。一般而言，树冠外围果和上部果含糖量高，但直立枝与朝天果容易形成糖度低的特大果，而朝下果有糖度高、酸低等优点。

2. 含酸量　脐橙果实以柠檬酸为主，含有少量苹果酸、草酸和酒石酸。有机酸在果实发育早期生成，果实生长期间酸明显增加。随着果实的膨大与成熟，酸含量下降，糖含量增加。至果实完熟期，糖分达到最高值，减酸停止。在果实贮藏过程中，酸味逐渐减少。鲜食脐橙的果汁中，酸含量高，糖含量低，风味就差。糖酸含量都低时，果汁则淡而无味，风味不佳。

二、提高果实品质的技术途径

(一)选育与种植优良品种

品种是脐橙品质的主要决定因素，种植良种是提高品质的重要前提。各地要积极引进、推广现有良种，对于性状已经退化的良种，必须进行提纯复壮和改良。良种还必须配合优良砧木，才能获得优质果品。如枳是我国脐橙的优良砧木。

（二）适地适栽，发挥良种的品质优势

每个脐橙优良品种都有其最适宜的生态区域，在适宜的生态区域内种植的脐橙优良品种，具有该品种的优良特性。因此，在决定发展某一优良品种时，必须考察当地的气候、土壤等条件，切勿盲目引种。如美国华盛顿脐橙在美国表现良好，但在江西赣南栽种，坐果率低，并非是理想的栽培品种。而美国纽荷尔脐橙在这里却表现良好，是理想的栽培品种。

（三）科学栽培，提高果实品质

1. 合理调控肥水 南方脐橙园普遍存在偏施氮肥、忽视有机肥和绿肥、肥料元素搭配不合理等问题。为了提高果实品质，要加强肥水管理，注重科学施肥，氮、磷、钾肥合理施用，增施微量元素，提倡施用有机肥和绿肥，尤其以麸饼肥、禽畜粪肥等为佳。减少氮肥的施用量，使肥料元素合理搭配，保持土壤疏松、湿润，不旱不涝，以增强树势，改进果实品质，提高果实的商品价值。在果实膨大期出现异常高温干旱天气，旱情严重时，脐橙树卷叶，果实停止膨大，果皮干缩。若遇突降大雨，果实迅速膨大，果皮大量吸水，白皮层水分饱和发胀，极易引起裂果。预防的最有效办法，就是配套水利设施，开辟和建设水源，干旱发生时脐橙园能及时灌溉，可有效地降低叶温，减少裂果的发生，提高商品果率。在果实的生长发育过程中，若（春、夏季）雨水过多，要及时排除积水，以免影响果实的生长发育。如秋季发生干旱，则不仅严重影响脐橙的产量，更降低果实品质。表现为果皮粗厚，表皮凸凹不平，无光泽，果皮难剥离，剥皮时果皮易碎，日灼果多，外形差；果汁少，可溶性固形物含量高，维生素 C 含量无规律性变化，总酸含量明显提高，果实味浓而特别酸。因此，秋旱时及时灌水，对提高产量，防止日灼果，提高果实品质至关重要。冬季适当控水，有利于脐橙的花芽分化。因此，在脐橙的栽培管理过程中，认真贯彻“春湿、夏排、秋灌、冬控”的水管措施，可确保产量和果实品质的提高。实践也证明：脐橙园位于大水体附近，或周围有防护林，设避风障；或脐橙园内生草；或覆盖其他作物等，都能调节园内温度和湿度，有效地减少裂果和落果的发生，提高商品果率。

2. 疏花疏果　为了使脐橙丰产，应采取保花保果措施，但要提高脐橙优质果率，达到高产高效生产目的，就必须采取疏花疏果技术。这越来越为广大果农所认识。脐橙花量大，为节约养分，有利于稳果，可在春季进行疏剪，剪除部分生长过弱的结果枝，疏除过多的花朵和幼果，减少养分消耗，保证果品商品率，预防树体早衰，克服大小年结果现象，以达到高产优质高效的栽培目的。如脐橙结果过多，则不仅果实等级下降，效益变差，而且影响翌年结果，也影响树势。故采取疏果措施特别是稳果后的合理疏果，是必要的。

据报道，叶果比为 100：1 时，果实膨大良好，夏秋梢的发生最多；叶果比为 80：1 时，果实适中，翌年的花芽率最高；叶果比为 60：1 时，产量最高。从新老叶比例看，以 25：1 的比例产量最高，果实膨大良好，翌年开花结果也很好。

脐橙疏果在稳果后以人工摘除为宜。人工疏果分全株均衡疏果和局部疏果两种。全株均衡疏果，是指按叶果比疏去多余的果，使植株各枝组挂果均匀。局部疏果，系指按大致适宜的叶果比标准，将局部枝全部疏果或仅留少量果，部分枝全部不疏，或只疏少量果，使植株上各部位轮流结果。坐果量大和小果、密生果多的多疏；相反，则少疏或不疏。一般可疏去总果量的10%左右。疏果应注意首先疏去畸形果、特大特小果、病虫果、过密果、果皮缺陷和损伤果。同时，还应根据花型疏果，首先疏除易裂的果，如无叶花果及有叶单花果等。如以叶果比为疏果指标，最后一次疏果后，叶果比以60∶1的比例为宜。但品种不同的脐橙，疏果的叶果比也不一样，大叶品种叶果比可小一些，小叶品种叶果比可稍大一些。疏果时期一年可安排三次。第一次在5月底，即第二次生理落果后；第二次在7月中旬，即果实第二次膨大前；第三次在采果前15天左右。

3. 果实套袋 随着经济的发展，社会的进步，人们生活水平的提高，消费者对果品内质和外观的要求越来越高。只有外观美、内质优的水果，才能在国内外果品市场中稳住脚跟，赢得市场。大力推广套袋技术，是生产高品质果品的有效措施，必须引起果树栽培者的高度重视。

果实套袋，可防止病虫鸟对果实的危害，减轻风害造成的损失，也可防止果锈和裂果，提高果面光洁度，美化果面。经套袋的果实，果面光滑洁净，外观美，果皮柔韧，肉质细嫩，果汁多，富有弹性，商品率高。同时，可减少喷药次数，减少果实受农药污染和农药残留，并可防止日灼果，增强果实的商品性。

脐橙套袋，应在第二次生理落果结束后开始至7月中旬完成。套袋时应选择晴天，待果实和叶片上完全没有水汽时进行。套袋前，应疏去畸形果、特大特小果、病虫果、机械损伤果、近地果和过密果，力求使树冠果实分布均匀，负载合理。并且在全园进行一次全面的病虫害防治，防治重点是红蜘蛛、锈壁虱、介壳虫和炭疽病等。套袋应在喷药后3天内完成，若遇下雨需补喷。果袋可用"盛果"牌脐橙袋。套袋时将手伸进袋中，使全袋膨起，托起袋底，把果实套入袋内。袋口置于果梗着生部的上端，将袋口拧叠紧密后，用封口铁丝缠紧即可。套袋时不能把叶片套进袋内或扎在袋口，而要尽量让纸袋内壁与果实隔开，一果一袋。套袋应按先上后下、先里后外的顺序进行。至10月中旬果实着色前期，解除果实套袋，增大果实受光面，提高果品着色程度。但是，吸果夜蛾危害严重的地方，只可在采果前10天左右拆袋，以减轻或免受其害。

4. 科学应用生长调节剂 生产上，使用激素保果效果明显。如在脐橙谢花2/3或幼果0.4～0.6厘米大小时，用中国农业科学院柑橘研究所生产的增效液化剂（BA+GA_3），对幼果进行树冠喷布。每瓶（装量为10毫升）加水12.5～15升，隔15天喷一次，连喷两次，具有明显的增产效果。但若使用不当，如过多使用赤霉素（九二〇）保果，则会出现粗皮大果、贪青和不化渣等现象，浮皮果增多，影响果实品质，使商品价值下降。因此，要达到既增产又改善果实品质的目的，就必须科学地应用生长调节剂。如脐橙果实表皮细胞的不正常分裂易形成果锈。在花后1个月内（落瓣期及落瓣期后7天）可喷布浓度为10毫克/升的GA_4液，连续喷4次，可有效地减轻果锈。又如脐橙果皮着色，是由于果皮中叶绿素的降解和胡萝卜素积累的结果。生产上可用生长调节剂，如乙烯利、2,4-D和GA等，调节果皮中胡萝卜素的含量，从而促进脐橙果实着色，提高果实的品质。

5. 合理修剪 一般树冠荫蔽树和内膛枝所结的果实风味淡、色泽及品质差，这是因为光照不足所致。对于成年脐橙结果树，因发枝力强，极易造成树冠郁闭，树体通风透光条件差，树势早衰，产量和品质不断下降。故成年脐橙树应采取以疏为主、疏缩结合的修剪方法，打开光路，给树体创造良好的光照条件。通过合理修剪，疏除树冠内的过密枝、弱枝和病虫枯枝，去掉遮荫枝，改善树体通风透光，有利于光合作用，积累养分，增加果实含糖量，改进果实风味品质和果实着色，提高果实的商品价值。

6. 防病治虫 多种病虫都会危害脐橙果实，影响果实外观，商品价值低，难以出售。如脐橙疮痂病、溃疡病、黑斑病、黑点病（沙皮病）、灰霉病、煤烟病和油斑病等引起的果面缺陷。各类虫害，如金龟子和象鼻虫等危害的果实，果面出现不正常的凹入缺刻，严重者引起落果，危害轻的幼果尚能发育成长，但成熟后果面出现伤疤，影响商品果率。而介壳虫和锈壁虱等危害的果实，果面失去光亮，果实变酸，直接影响果实的品质和外观。因此，要及时防治病虫害，提高优质果率。

7. 合理使用农药 在防治病虫害时，尤其是使用杀虫剂防治虫害时，要严格掌握农药的使用浓度和时间，因为杀虫剂多数为有机合成农药，极易损伤幼果，特别是在高温季节。盛夏气温高时使用波尔多液，极易破坏树体的水分平衡，出现药害，损伤果实表面，形成“花皮果”，影响果实品质与外观，使商品价值下降。

8. 防止裂果

（1）裂果的原因　脐橙裂果的发生，有品种特性、气候条件、土壤水分、肥料种类和病虫害等多种原因。

日本小川胜利在《农业与园艺》上报道：裂果的诱因，一是气候诱因。夏秋高温干旱，果皮组织和细胞被损伤，秋季降雨或灌水，果肉组织和细胞吸水活跃迅速膨大，而果皮组织不能同步膨大生长，导致无力保护果肉而裂果。二是果皮诱因。果实趋向成熟时，果皮变薄，果肉变软，果汁中糖分不断增加，水分不足，膨压剧增而裂果。三是栽培诱因。施肥不当，磷含量高的果实易裂果；土壤水分变化剧烈，树势弱，根群浅的斜坡园易出现裂果。

脐橙裂果一般从8月初开始,裂果盛期出现在9月初至10月中旬。其间有两个高峰:一是9月中旬的果实迅速膨大期,裂果多数从果顶纵向开裂,先是脐部稍微开裂,随后沿子房缝合线开裂,可见囊瓣,严重时囊壁破裂露出汁胞。二是10月中旬的果实着色期,裂果多为横裂。通常情况下是出现在果皮薄、着色快的一面,最初产生不规则裂缝状,随后裂缝扩大,囊壁破裂,露出汁胞。有的年份,脐橙裂果可持续到11月份。

裂果的原因是多方面的,通常与以下因素有关:

①着花数　大年及花多的脐橙树裂果多。

②花　质　无叶花和有叶单花裂果比率高。树体贮藏的碳水化合物多,花器发达,开花前后高温促进纵径生长的不易裂果。

③果形指数　果形指数小的裂果多,果形指数大的裂果少。扁果形果梗部与赤道部果皮厚度差异大,均一性差,易裂果;长果形果赤道部与果顶部差异小,均一性好,不易裂果。

④囊瓣数　囊瓣数多的大脐易裂果。次生果的囊瓣数越多、越发达,越易裂果。

⑤果实的发育　6月下旬果实横径迅速发育,7月下旬趋于缓慢,8月下旬至9月下旬再次急速膨大,9月下旬果汁开始急速填充汁胞,到10月下旬仍继续膨大,果实内膨压增大,果皮易受伤而裂果。果实生育期的气象、气温、灌水、控水和降雨等诱因试验都表明,遗传因素、花质、果形和品种特性等情况,对于裂果是否发生,具有至关重要的作用。比如扁形果加上诱因条件,则裂果多。但对长形果而言,则影响不明显。

(2)防止裂果的技术　目前,防止脐橙裂果尚无理想的办法。通常采取以下措施，可以减少裂果的发生。

①选择较抗裂的品种　一般果脐小或闭脐、果皮较厚的品种，或芽变单株，抗裂果性能较好。如纽荷尔、纳维林娜和华脐等裂果少。果实较扁的品种如朋娜、罗伯逊和森田脐橙等，果实发生裂果多。

②加强土壤管理　干旱时要及时灌水。加强土壤管理，深翻改土，增施有机肥，提高土壤有机质含量，改善土壤理化性质，增强土壤的保水性能，尽力避免土壤水分的急剧变化，可以减少脐橙的裂果。夏、秋季遇上干旱，要及时灌溉，以保持土壤不断向脐橙植株供水。碰上久旱，常采用多次灌水法，一次不能灌水太多，否则，不但树冠外围裂果增加，还会增加树冠内膛的裂果数。通常在灌水前，可先喷有机叶面肥，如叶霸、绿丰素(高 N)、氨基酸和倍力钙等，使果皮湿润先膨大，可减少裂果的发生。有条件的地方，最好采用喷灌，改变果园小气候，提高空气湿度，避免果皮过分干缩，可较好地防止脐橙裂果。缺乏灌溉条件的果园，宜在 6 月底前进行树盘覆盖，减少水分蒸发，缓解土壤水分交替变化幅度，也可减少脐橙裂果的发生。

③科学施肥　脐橙生产中为使果实变甜，常多施磷肥。但磷多钾少，会使果皮变薄而产生裂果，故应科学用肥，使氮、磷、钾肥合理搭配。适当增加钾肥的用量，控制氮肥的用量，可增加果皮的厚度，使果皮组织健壮，也可减轻裂果的发生。通常在壮果期，株施硫酸钾 0.25～0.5 千克，或叶面喷布 0.2%～0.3%磷酸二氢钾液，也可喷布 3%草木灰浸出液，以增加果实含钾量。酸性较强的土壤，增施石灰，增加土壤的钙含量，有利于提高果皮的强度。同时，补充硼、钙等元素，也可有效地减少或防止裂果，即 5～8 月份喷施 0.2%氯化钙液，

在开花坐果期喷0.2%硼砂液等。实践证明,叶面喷高钾型绿丰素800～1 000倍液,或倍力钙1 000倍液,对脐橙裂果有较好的防止效果。

④合理疏果　疏除多余的密集、扁平、畸形、细小和病虫危害的劣质果,提高叶果比,既可提高果品商品率,又可减少裂果的发生。

⑤及时防治病虫害　在夏季高温多湿的脐橙产区,雨水、露水常会流入果实脐部,如果对病虫防治不及时,果皮组织极易坏死而发生裂果。据调查表明,被介壳虫和锈壁虱等危害的果实,其裂果率较正常果要高出几倍。因此,及时喷药,减少病菌从脐部侵入,可有效地减轻脐橙裂果。即6～7月间,施用"九二〇"200毫克/升浓度液+2,4-D 100毫克/升浓度液+多菌灵500倍液的混合液,涂抹脐部,具有较好的防治效果。

⑥应用生长调节剂　防止脐橙裂果的生长调节剂,有赤霉素和细胞分裂素等。在裂果发生期,对脐橙树冠喷施浓度为20～30毫克/升的赤霉素液+0.3%尿素液,每隔七天喷施一次,连续喷施2～3次,或用赤霉素150～250毫克/升浓度液涂果,或用细胞激动素500倍液喷布,均可减少裂果的发生。

9. 防止日灼果

(1)日灼的原因　日灼又称日烧,是脐橙果实开始或接近成熟时的一种生理障碍,其症状是因为夏、秋季的高温酷热和强烈阳光暴晒,使果实表面温度达到40℃以上而出现的。开始为小褐斑,后逐渐扩大,呈现凹陷,进而果皮质地变硬,囊瓣失水,砂囊皮膜木质化,以至使果实失去食用价值。此外,受强光直射的老枝和树干的树皮也会出现日灼。

日本大垣智昭认为:紫外线是日灼障碍发生的主要原因。日灼主要发生在果实上,是因为果皮的气孔和其他有助于水分蒸发的结构没有叶片的发达,故导致组织的温度经常升高到生理机能难以忍受的危险程度。脐橙日灼病的发生常与品种、树势有关。通常生长健壮、枝叶茂盛的脐橙品种,如纽荷尔脐橙的日灼病果数量,比树势较弱的朋娜脐橙的日灼病果数量少。

(2)防止日灼的技术 防止日灼障碍应采取综合措施。①深翻改土,增施有机肥,改善土壤理化性质,促使土壤团粒结构形成,提高保水保肥能力,促进脐橙植株根系健壮发达,增强根系的吸收范围和能力,保持地上部与地下部根系间的生长平衡。②改善园地的生态条件,及时灌水、喷雾和覆盖土壤,以减少土壤水分蒸发,不使树体发生缺水。③树干涂白。在容易发生日灼果的树冠上中部和东南侧,用2%～3%的石灰水(加少许食盐,增加黏着性)涂果,尤其要处理单顶果,并在果园西南侧营造防护林,以遮挡强日光和强紫外线的照射。④日灼果发生初期,可用白纸贴于日灼果患部。⑤果实套袋,是防止日灼行之有效的方法。⑥注意防治锈壁虱。在使用石硫合剂时,浓度以控制在0.1～0.2波美度为宜。药液在果面上不宜过多凝聚,喷施药液应在早、晚进行。⑦对树冠喷施0.3%尿素液+0.2%磷酸二氢钾液的混合液,或喷叶霸、绿丰素(高氮)、氨基酸和倍力钙等微量元素肥液,可取得良好的防止效果。

(四)适时采收,确保果实固有品质

脐橙的采收期应根据脐橙果实的成熟度来决定。采收时期的迟早,对脐橙的产量、品质、树势及翌年的产量,均有影响。达到成熟度后而采收的脐橙,能充分保持该品种果实固有的品质。若过早采收，不仅果实大小未达到最大限度，导致减产，而且果实的内含物也未达到最适宜的程度，以致影响果实的质量和产量；采收过迟，也会降低果实的品质，增加落果，而且容易腐烂，不耐贮藏。适时采收的关键是掌握好采收期。脐橙通常在11月中旬成熟后采收。具体的果实采收期可依以下因素来确定：

1. 色泽适度 果实成熟时，果皮中的叶绿素消失，类胡萝卜素和叶黄素等增加，出现本品种固有的色泽，果实内在品质也达到了理想的要求。生产上常常以果皮色泽的变化来作为成熟的指标。当果树上有2/3的果实达到所要求的成熟度时，即可采收。不同用途所要求的成熟度不同，采摘期也不同。用作鲜食的果实，要求在色泽、风味都达到该品种的特有性状，肉质开始变软时采收为宜；贮藏用果实，一般在果皮有2/3转黄，油胞充实，果实尚坚实而未变软时即可采收，其成熟度比鲜食果成熟度略低一些。

2. 固酸比适宜 果实中可溶性固形物含量与总酸含量之比称为固酸比，而总糖含量与总酸含量之比称糖酸比。随着脐橙果实的成熟，其含糖量增加，含酸量降低。故也有以固酸比（或糖酸比）来作为成熟度指标的。江西赣南山区具有昼夜温差大的特点，脐橙果实成熟时糖分增加快，降酸也快，固酸比以11～13∶1为宜。

第五节　产期调节技术

目前，生产上栽培的脐橙品种的成熟期，多数在11月份至翌年1月初，尤其集中于11月中下旬至12月上中旬。大量的脐橙鲜果在短期内涌向市场，给贮运、销售和保鲜造成很大的压力。鲜果集中上市，影响了商品价值，会给果农的经济收入造成一定的损失。为了使脐橙果实达到季产年销，除合理搭配早、中、晚熟品种外，对现栽的脐橙品种也可进行产期调节，使它的果实成熟期提前或推迟。这样，既可拉开集中的脐橙采收季节，缓解市场销售压力，又可增加脐橙产值，因而具有很大的发展潜力。

一、促进果实成熟的技术

使用乙烯利可对脐橙果实催熟。其方法有树上喷药、涂果和采后浸果三种。树上喷果：可在脐橙果实果顶出现黄色时，喷施浓度为 200～250 毫克/升的乙烯利液加 1%醋酸钙液。涂果较费时，生产上应用较少。采后浸果：可将采收的脐橙果实，放在浓度为 500～800 毫克/升的乙烯利溶液中，浸泡数秒钟。以果实初具鲜食熟度时处理为宜。经处理过的果实，均可提前 1～2 周成熟。也可将脐橙提前 10 天左右采收，经挑选后，放在温度为 16℃～22℃，空气相对湿度为 90%～95%，并充加浓度为 5～10 毫克/升的乙烯的贮藏库内，进行催熟。3～4 天后，果实即可达到正常成熟时的色泽。经催熟的脐橙果实，可提早 1 周左右上市。

二、延迟果实成熟的技术

在 11 月至翌年 1 月份，用 10 毫克/升 2,4-D 液＋10 毫克/升 GA_3 液，喷施树冠，可延长 2～3 个月的采收期。如美国的伏令夏橙，在加州于 4～5 月份成熟。成熟前喷 20～40 毫克/升的 2,4-D 液，或喷 20 毫克/升 2,4-D 液＋20 毫克/升 GA_3 液，可将成熟期延至 9～10 月份，大大延长了脐橙鲜果的供应期。

第六章　脐橙抗逆性调控与缺素症矫正

第一节　抗逆性调控技术

脐橙树栽植以后，受各种环境因素，包括自然灾害和环境污染的影响，如冻害、旱涝灾害、台风、冻雹和大气污染等，只有加强栽培管理，提高树体的抗逆性，运用防灾措施，才能使灾害造成的损失减少到最低限度，确保脐橙丰产稳产。

一、抗御冻害

脐橙在 0℃以下的低温造成的伤害，称为冻害。轻微的冻害，可造成树体落叶，产量下降。冻害严重时，可造成树体的死亡。

（一）发生冻害的原因

脐橙遭受冻害时，细胞结冰是造成伤害的主要原因。细胞结冰有两种形式，即胞间结冰和胞内结冰。在气温缓慢下降到 0℃以下时，细胞间隙内的水分开始结冻。细胞间隙结冰，引起细胞间隙的蒸汽压下降，促使胞内水分外渗，渗透到细胞间隙中的水分向冰晶凝集，使冰晶体积越来越大。胞间结冰一方面使细胞原生质过度失水，原生质凝聚变性；同时胞间冰晶体积增大，挤压原生质，使原生质受到机械损伤。当温度骤然回升时，冰晶迅速融化，细胞壁恢复原状，而原生质胶体还来不及吸水膨胀，而被拉扯撕裂。胞间结冰并不一定引起细胞死亡，当冰晶体积不大，而气温回升缓慢时，脐橙仍然恢复生机。如果温度迅速下降，不只引起细胞间隙结冰，细胞内的水分也会结冰，原生质和液泡内都出现冰晶，称胞内结冰。胞内结冰对原生质的伤害，主要是机械损伤。原生质具有高度精细的结构，胞内结冰引起细胞的膜系统、细胞器和衬质的微结构被破坏，细胞内原有的区域化结构消失，代谢紊乱失常，对细胞造成致命损伤，引起脐橙树体受害。

（二）防冻措施

1. 选择适栽、抗寒砧木 选择适合当地栽培的抗寒砧木，具有较强的抗寒能力。脐橙嫁接通常可选择枳壳作砧木。枳壳耐寒性极强，能耐－20℃的低温。

2. 科学施肥，增强树体的抗寒能力 果实采收后及时施采果肥，以速效性氮肥为主，配合磷、钾肥。用于补偿由于大量结果而引起的营养物质亏空，尤其是消耗养分较多的衰弱树，对于恢复树势，增加树体养分积累，提高细胞液的浓度，增强树体的抗寒力，提高树体的越冬性，防止落叶，促进花芽分化，对提高来年的产量极为重要。

3. 合理修剪 幼龄脐橙树以秋梢作为主要结果母枝，随着树龄增长，成年脐橙树以春梢作为主要结果母枝。因此，在夏剪前重施壮果促梢肥，适当控制氮肥的用量，增加磷、钾肥的施入比例，剪后连续抹芽2～3次（每3～4天抹一次），待7月底至8月初统一放秋梢，避免秋梢生长过旺，培养大量长势中庸、枝条发育充实和健壮优质的秋梢结果母枝，防止晚秋梢的发生，是提高脐橙树体防寒越冬性的积极有效的措施，也是脐橙结果园丰产稳产、减少或克服大小年结果的关键措施之一。

4. 应用生长调节剂 对于幼树和生长旺盛的成年树，可喷施植物生长调节剂，如矮壮素和多效唑等，可延缓新梢生长，有利于枝梢老熟，树体健壮，尤其是可抑制晚秋梢的抽生，提高细胞液的浓度，对于增强树势，提高树体抗寒性，具有重要的意义。在脐橙新梢旺盛生长期，用50%矮壮素水剂500毫升，加水500升喷雾，每隔15天喷一次，连续喷三次，可有效抑制新梢生长，使新梢加粗，节间变短，叶片加厚，叶色浓绿，新梢提早成熟，增强树体抗寒力，促进花芽分化。

5. 培土与覆盖　生产上栽培的脐橙，基本上是嫁接繁殖苗木，嫁接口距离地面大约10～20厘米，较为贴近地面，夜温较低时最易受到冻害。可在脐橙越冬前，通常在11月中下旬，用疏松的土壤培植于根颈部，使之提升20～30厘米高，并覆盖一层稻草。培土后根颈部的温度可提高3℃～7℃，昼夜温差减小，具有良好的防冻效果。但培土不足的防冻效果较差。

6. 适时灌水　由于土壤的熵值低于水的熵值，使得土壤在低温时温度降低比水更快，所以在冻害来临前的7～10天，对脐橙园全园灌一次足水。使土壤孔隙中的气体被水所代替，增加土壤含水量，利用水的热容量和热导率大的原理，减少土温散失和变温。还可加速底层土热上传，一般可提高表层土温2℃～4℃。对于缺水的地方，可进行树盘灌水。灌水后铺上稻草或者撒一层薄细土，以保持土壤的熵值，减轻根系的伤害程度。

7. 搭棚与覆盖　对于幼年脐橙树，尤其是1～2年生的小树，可在果园内围着幼树搭三角棚，在南面开口，将其他方位用稻草封严，防寒效果良好。或者直接在幼树树冠上面覆盖稻草或草帘、塑料薄膜等，有的直接在树盘上覆盖稻草或谷壳等物，均能起到防冻效果。值得注意的是，树上覆盖时不宜盖得太早和太紧，冻后要及时拆除覆盖物，以免影响树体正常的光合作用。

8. 保叶与防冻 在脐橙采果前后，对树冠喷施一次1%淀粉加浓度为50毫克/升的2,4-D液，可有效地抑制叶片的蒸腾作用，并具有一定的保温效果，保护叶片安全越冬。大雪过后，及时摇落脐橙树体上的积雪，可减轻叶片受冻。否则，积雪结冰后，对叶片伤害更大。此外，也可在低温来临前夕，对树冠喷施抑蒸保温剂，使叶片表面形成一层保护膜——蜡质层，可以抑制叶片水分蒸发，减少树体热量散失，可提高树体的抗冻能力。

9. 果园熏烟 选择晴朗无风、气温为－5℃左右的晚间，利用稻草、杂草、谷壳和木屑等材料，每667平方米堆4～6堆，堆上覆盖一些湿草或薄泥，于发生重霜冻前数小时点燃烟堆，产生烟雾，可直接提高果园近地面空间的温度，通常可升温1℃～3℃，对预防霜冻有良好的效果。

10. 树干涂白或包扎 采果后，用刷白剂对树干和大枝进行涂白，可防止枝干受冻裂皮。因为石灰的白色具有反光作用，可减轻晴天吸热，缩小昼夜温差，同时能隔离冰层和树皮层的接触，对防止冻害具有良好的效果。用稻草或薄膜包扎主干，防冻效果也显著。

11. 冻后救护

(1)合理修剪 脐橙树遭受冻害后，地上部分枝干受到不同程度的损伤或枯死。此时，根系尚未受冻，处于完好状态。只要采取适当的措施，就能使树体萌发新枝，恢复树冠，减轻冻害。对轻微受冻树，要少疏多留。对未受冻的绿枝，要尽可能保留不剪。对中度冻害树，依其受冻轻重程度进行短截，可在枯枝下部已萌发新芽处，酌情带1～2芽进行修剪。对其中下部和内膛未受冻的绿枝，应尽可能保留不剪，以利于恢复树势。对于重冻伤树，应截除冻死的树冠部分，促发萌蘖，选留健枝，培养新的树冠。

(2)锯干、涂伤口保护剂 脐橙树遭受冻害后，对已受冻的枝干，在新梢萌芽、生死界线分明时，应适时地进行修剪，即剪去枯枝或锯去枯干。这样，有利于树体积累养分，并可促进新梢提早萌芽。对锯干出现的较大伤口，应及时涂刷保护剂，以减少水分蒸发和防御病虫害，保护伤口，防止腐烂。对刮除冻死树皮或剪去枯死大枝后的伤口，应用水柏油和托布津混合液进行涂抹，或用75%酒精进行消毒，再涂抹波尔多液浆或接蜡进行保护，防止树脂病的感染。也可在锯口、剪口处涂抹油漆，或涂抹3～5波美度石硫合剂进行保护。在遭受较大冻害后，对于完全断裂的枝干，应及早锯掉，削平伤口，并涂好保护剂（油漆、石硫合剂等），防止腐烂。对于已撕裂未断的枝干，不要轻易锯掉。应先用绳索与支柱将其撑起，恢复原状，然后在受伤处涂上鲜牛粪、黄泥浆等，促其愈合，恢复生长。对断枝断口下方抽生的新梢，应适当保留，以便更新复壮。

(3)加强肥水管理 脐橙树受冻后，在春季萌芽前应早施肥，使叶芽萌发整齐。展叶时追施一次氮肥，注意浓度不宜过大，待大量枝梢抽生后，可适当增加施肥量。在各次枝梢展叶后，对树冠叶面可喷施0.3%尿素液+0.2%磷酸二氢钾液的混合液，也可喷施有机营养液肥1～2次，如农人液肥、绿丰素、氨基酸和倍力钙等，以促梢壮梢，有利于树体恢复。对于土壤缺水的园地，应及时补充水分。入春后雨水较多，应及时排除积水，以利于根系生长，恢复树势。

(4)疏花疏果，促发健壮春梢 受冻轻而大量落叶的成年脐橙树，常常花量大，坐果率低。若任其开花结果，则耗费树体营养，难以恢复树势。为了确保树体的迅速恢复和适量结果，应于花蕾期疏除部分无叶花序枝，减少花量，节约养分，尽快使树体恢复生长，促进损伤部分愈合。对于重冻伤树，应全部摘除花蕾，以减少养分消耗，促发健壮春梢。

(5)松土保温 脐橙树受冻后，枝叶减少，树体较弱，应及时地进行松土，保持土壤疏松，引根深扎。同时，松土可提高地温，增加土壤的通气性，有利于根系生长，恢复树势。

(6)防治病虫害与补栽 脐橙树受冻后，必然会造成一些枝干枯死或损伤，成为病菌滋生的场所。对于枝干裸露部分，夏季高温季节易引起日烧裂皮，继而引发树脂病。防治日烧裂皮，可用生石灰15～20千克，食盐0.25千克，石硫合剂渣液1千克加水50升，配制刷白剂，涂刷枝干。防治树脂病则可喷用50%多菌灵可湿性粉剂100或200倍液，或50%托布津可湿性粉剂100倍液。同时，对于枝干枯死部分，应及时剪去，彻底清除病源。此外，应加强蚜虫、螨类、蚧类、潜叶蛾及炭疽病等危害枝叶的病虫害的防治，保护树体，促发健壮枝梢，使受冻树迅速恢复。对受冻严重的1～2年生幼树，及时挖除，进行补栽。

二、抗御旱害

由于土壤缺水或大气相对湿度过低对脐橙造成的伤害，称旱害。轻微的干旱可使树体内发生不利的生理生化变化，引起光合降低，生长减缓，老叶提早死亡，但还不至于引起树体死亡。严重而持续的干旱，则会导致树体的死亡。

(一)干旱造成伤害的原因

脐橙树体在干旱缺水时，细胞壁与原生质同时收缩，由于细胞壁弹性有限，收缩的程度比原生质小，在细胞壁停止收缩时，原生质仍继续收缩，导致原生质被撕裂。吸水时，由于细胞壁吸水膨胀速度，大于原生质的吸水膨胀速度，两者不协调的膨胀，又可将紧贴在细胞壁上的原生质扯破。这种缺水和吸水所造成的原生质损伤，均可导致细胞死亡，造成脐橙树体的伤害。

（二）防旱措施

1. 选择适栽、抗旱性强的砧木品种 选择适合当地栽培，根系发达，耐瘠薄，抗旱性强的砧木品种，具有较强的抗旱能力。脐橙嫁接育苗，通常可选择枳壳作砧木。

2. 深翻改土 深翻改土，结合幼龄脐橙园深翻扩穴及成年脐橙园施春肥、壮果攻秋梢肥时进行。即在原定植穴外侧树冠滴水线下，挖掘深宽各 50～60 厘米，长 1.2 米以上的条沟，要求不留隔墙，并以见根见肥为度。株施粗有机肥 15～20 千克，饼肥 3～6 千克，磷肥 1 千克，钾肥 1 千克，石灰 1 千克，与表土拌匀后分层施下。要求粗肥在下，精肥在上，土肥拌匀，盖土高出地面 15～20 厘米。通过深翻脐橙园土壤，增施草料、腐熟农家肥和生物有机肥等，增加土壤有机质，提高土壤肥力。通过改良土壤结构，提高土壤蓄水性能，可培养发达的根系群，增强脐橙树体耐旱抗旱、抗逆能力。

3. 树盘覆盖 高温干旱季节，利用园内自然良性杂草、播种的绿肥、塑料薄膜及作物秸秆，如稻草、玉米秆等，覆盖树盘土壤，减少土壤水分蒸发，降低地表温度，达到降温保湿的目的。覆盖时间一般为施完壮果攻秋梢肥后、伏秋干旱来临前，即 6 月底至 7 月下旬进行，覆盖厚度为 15 厘米左右，覆盖后应适当压些泥土。覆盖物应离根颈 10～15 厘米远，以免覆盖物发热时灼伤根颈。夏季土壤覆草后，地面水分蒸发量可减少 60%左右，土壤湿度相对提高 3%～4%，降低地面温度 6℃～15℃。对未封行的幼龄脐橙园采用树盘覆盖后，节水抗旱效果显著。

4. 生草栽培 春、夏季(3～5月份),在脐橙园内行间播种绿肥,如百喜草、藿香蓟、大豆和印度豇豆等,进行生草栽培,不进行中耕除草,培养果园内自然良性杂草。改传统除草为生草栽培,割草覆盖园地。当杂草长到50～60厘米高时,可人工刈割铺于地面或树盘,每年可刈割1～2次。树盘盖草厚度为10～15厘米。结合深翻改土,将覆盖草料埋入深层土壤,次年重新刈割杂草覆盖地面或树盘。通过园地生草造就果园良好的小气候,稳定园内墒情,保持土壤水分,降低土壤地表温度,起到降温、保湿、防旱的作用,达到"以园养园"的目的。

5. 广辟水源 新建脐橙园时,通过挖深井汲水、山塘蓄水、寻找河水等途径,广辟水源。通过引水到山顶水池,当伏秋干旱来临时,引水灌溉,对树盘土壤进行灌水,达到降温、保湿、防旱的目的。

6. 及时灌水 当高温干旱持续10天以上时,应利用现有水利资源,对树盘土壤进行灌水,达到降温保湿的目的。灌水时间为上午10点半钟以前,下午4点以后。为防止脐橙裂果,第一次灌水时切忌一次性灌透灌足水。尤其是长期干旱的果园,应采取分批次递增法灌水,即灌水量逐次增加,分2～3次灌透水。有条件的果园,应每隔7～10天灌足水一次,直至渡过高温干旱期。实践证明,土壤灌水后进行树盘覆盖,节水抗旱效果更佳。

7. 施肥强树 在施壮果攻秋梢肥时,适当控制氮肥的用量,增加磷、钾肥的比例,可促使蛋白质的合成,有利于秋梢老熟,并可防止晚秋梢的发生。同时,可增加同化产物的积累,提高细胞液的浓度,增强脐橙树体的抗旱能力。

8. 叶面喷施抗旱、生长营养剂 在干旱发生初期,对叶面喷施抗旱、生长营养剂——旱地龙500倍液,隔7～10天喷一次，连喷3～5次。喷施后可使叶片组织毛孔空隙缩小，抑制蒸腾作用，减少叶片水分蒸发量，提高树体的抗旱能力。

9.土施抗旱保水剂 结合施春肥及壮果攻秋梢肥，土壤开沟撒施高效抗旱保水剂——“科瀚98”吸水树脂，施用量为幼龄脐橙园20～30克/株，成年脐橙园40～50克/株，每三年施一次。与土壤拌匀后盖土，土壤干燥时，应灌足水进行保墒。吸水树脂能有效地吸收、保持土壤水分，调节土壤供水性能，延长土壤供水时期。在砂性土壤果园增施吸水树脂后，节水抗旱效果明显。

三、抗御涝害

脐橙遭暴雨袭击，树体受淹，或因地下水位高，土壤水分过多，使根系被水浸泡，对脐橙所造成的伤害，即为水涝灾害，简称涝害。轻微的积水，可使脐橙树体生长受到抑制，叶片发黄，根系不发达。严重积水时，尤其是淹水时间过长，土壤长时间缺氧时，会产生一些有毒物质，使根系受害变黑，甚至造成树体死亡。

（一）涝害造成伤害的原因

涝害主要是使脐橙生长在缺氧的环境中，抑制有氧呼吸，促进无氧呼吸，使有机物的合成受抑制，无氧呼吸所累积的有毒物质，使脐橙根系中毒。涝害还会引起脐橙营养失调。这是由于土壤缺氧降低了根对水分和矿质离子的主动吸收，同时缺氧还会降低土壤氧化还原电势，使土壤累积一些对脐橙根系有毒害的还原性物质，如硫化氢(H_2S)、铁离子(Fe^{2+})与锰离子(Mn^{2+})，使根部中毒变黑，进一步损害根系的吸收功能。此外，淹水还抑制有益微生物，如硝化细菌、氨化细菌的活动，促使嫌气性细菌，如反硝化细菌和丁酸细菌的活性，提高了土壤酸度,不利于根系生长和矿质营养的吸收。涝害还会使细胞分裂素和赤霉素的合成受阻,乙烯释放增多,以至加速叶片衰老。

(二)防涝措施

1. 正确选择园地 常发生涝害的地方,应针对涝害发生的原因,选择最大洪水水位之上的区域建立脐橙园。地下水位较高的区域,则应采用深沟高墩式栽培,避免或减轻涝害。

2. 及时清沟排水 因地下水位高,极易造成涝害的果园,尤其是在大雨过后,脐橙遭受洪涝灾害时,要及时疏通沟渠,清除沟中障碍物,排除积水。同时,应尽可能地洗去积留在树枝上的泥土杂物。若洪水不能自行排出,则要及时用人工或机械进行排除,以减轻涝害造成的损失。

3. 适时耕翻 受涝害的脐橙园,在排除积水后,应及时进行松土浅翻,解决淹水后土壤板结、毛细管堵塞的问题,以利土壤水分蒸发。但翻土不宜过深,以免伤根过多。

4. 叶面喷施有机营养液 受淹的脐橙园,土壤养分流失多,肥力下降,土壤结构变差。加上受淹脐橙树的根系受损,吸收能力减弱,土壤不宜立即施肥。可对叶面喷施有机营养液,如树冠叶面可喷施 0.3%尿素+0.2%磷酸二氢钾混合液,也可喷施有机营养肥,如叶霸、绿丰素、氨基酸和倍力钙等,有利于树体恢复。待根系吸收能力恢复后,可浇施腐熟有机液肥,诱发新根。

5. 疏果修枝 受淹的脐橙幼树或生长势差、树脂病严重的脐橙树,要及时地进行疏果。同时,对受淹落叶严重的脐橙树,要剪除丛生枝、交叉枝和衰弱枝,以减少树体养分消耗,促使树体恢复。

6. 枝干涂白 脐橙园受涝后,对落叶严重的脐橙树,可用刷白剂进行树干涂白，以避免主干、主枝暴露在强烈阳光下而发生日灼。刷白剂可用生石灰15～20千克，食盐0.25千克，石硫合剂渣液1千克，加水50升配制。

四、雹害的救护

脐橙在个别年份的春天、春夏之交或夏天，会遭遇冰雹袭击，时间短则几分钟，长达几十分钟，冰雹小的如玻璃弹子，大的如乒乓球，或更大。轻者树体受害，影响树体生长；重者砸破砸落叶片，砸伤枝条和果实。这种由冰雹直接对脐橙造成的伤害，称为冰雹害。冰雹使受害的脐橙园减产，降低果实品质，严重损害果实商品价值，生产上应引起高度重视。

（一）冰雹的危害

脐橙果树受冰雹的危害程度，与树龄和树势密切相关。通常树龄越小，树冠越小，枝梢越嫩，受害越重；成年结果树、长势健壮的结果树，受害相对较轻。长势弱的结果树，因枝叶稀疏，受害相对较重。往往迎风的半边受害明显，背风的半边受害较轻。受冰雹灾害后，往往砸破砸落叶片，砸伤枝条和果实，直接影响树体生长，造成减产，严重损害果实的外观和商品价值。

（二）冰雹灾后的救护

冰雹灾害发生后，及时采取补救措施，不仅可明显地减少当年的产量损失，而且能促进受伤枝梢的萌发，有利于枝梢生长和树势恢复，有利于翌年丰产。

1. 加强肥水管理 灾害发生后，为了促进伤口愈合，树势恢复，可对叶面喷施0.3%尿素+0.2%磷酸二氢钾混合液，也可喷施有机营养液肥1～2次，如农人液肥、绿丰素、氨基酸、倍力钙等，有利于树体恢复。

2. 合理修剪 冰雹灾害发生后15～20天，会抽生大量新梢。待新梢长到一定长度时，抹除过多的新梢，以减少养分消耗，对保留的新梢可进行摘心处理，有利于枝梢充实粗壮。值得注意的是：新梢抽生的部位可能在砸断的春梢上，也可能在多年生枝上抽生，甚至在主枝、主干上萌发，应及时抹除位置不当的枝梢，以减少养分消耗，促使树体生长健壮。

3. 及时喷药防治病虫害 对受冰雹危害的脐橙树，应及时喷药，尽力防止因枝叶受伤诱至脐橙溃疡病、炭疽病等病害的发生。

五、防御大气污染

随着工业的发展，大气污染日趋严重。污染的主要原因是石油、煤炭、建材等能源和矿石原料燃烧产生的废气，如砖厂、化工厂、陶瓷厂和磷肥厂等产生的二氧化硫、氮的氧化物、臭氧和氟化物等废气，对脐橙危害很大。其主要症状表现为：叶片有烟点、黑点或叶肉黄化，叶片褪绿，呈白色或褐色，叶缘枯萎，严重时落叶或枝叶枯死。氟化物毒性强，其次是臭氧、二氧化硫。脐橙对氟化物极敏感，当叶片含氟量达20～50毫克/千克时，叶片失绿，受害黄化，产生伤斑、落叶和枯死等现象，严重时造成树体死亡。防御大气污染最根本的措施是减少污染源，避免在污染工厂周围几百米内建脐橙园。其次是加强栽培管理，增强树体，增施钾肥，提高树体对污染大气的抗逆性。

第二节 缺素症的矫正

脐橙在其生长发育的各个阶段，需要从外界吸收多种营养元素。其中碳、氢、氧等来自空气和水。其他的矿质元素，如氮、磷、钾、钙、镁、硫、锰、锌、铁、硼、钼等，通常从土壤中吸收。如果这些元素得不到满足，脐橙的生理活动就会受到抑制，并在树体外部（枝、叶、果实等）表现出特有的症状。通过典型症状的诊断分析，就可判断缺乏某一元素，从而采取相应的矫正措施。

一、缺氮症的矫正

（一）表现症状

缺氮时新梢生长缓慢，叶片小而薄，叶色褪绿黄化，老叶发黄，无光泽，部分叶片先形成不规则绿色和黄色的杂色斑块，最后全叶发黄而脱落。花少而小，无叶花多。落花落果多，坐果率低。果小，延迟果实着色和成熟，果实品质差，风味变淡。严重缺氮时，枝梢枯死，树势极度衰退，形成光秃树冠，易形成“小老树”。

（二）产生原因

1. 土壤含氮量低　如砂质土壤，易发生氮素流失、挥发和渗漏，造成土壤含氮量低；或者土壤有机质少，熟化程度低，雨水多，淋溶强烈的土壤，如新开垦的红壤土。

2. 土壤内部积水　多雨季节，土壤因结构不良而内部积水，导致根系吸收不良，引起缺氮。

3. 树体营养贮存不足　春季新梢生长、开花和结果需要大量的养分，主要依靠树体上年贮存的养分。如头年树体管理不当，影响了树体氮素的贮藏，极易发生树体缺氮现象。

4. 施肥不当　施肥不及时或数量不足，易造成秋季抽发新梢和果实膨大期缺氮；大量施用未腐熟的有机肥料，因微生物争夺氮源也易引起缺氮。

(三)矫正措施

1. 培肥改良土壤　新建脐橙园，土壤熟化程度低，土壤结构差，有机质贫乏，应增施有机肥，改良土壤结构，提高土壤的保氮和供氮能力，防止缺氮症的发生。

2. 合理施肥　施基肥以有机肥为主，适当增施氮肥，尤其是在春梢萌发和果实膨大期，应及时地追肥。追肥以氮肥为主，配合磷、钾肥，以满足树体对氮素的需求，特别是在雨水多的季节，氮素易遭雨水淋溶而流失，应注重氮肥的施用。对已发生缺氮症的脐橙树，可用0.3%～0.5%尿素溶液或0.3%硫酸铵溶液叶面喷施，一般连续喷施2～3次即可矫治。

3. 加强水分管理　雨季应加强果园的排水工作，防止果园积水，尤其是低洼地的脐橙园，以免发生根系因无氧呼吸造成的黑根烂根现象。旱季要及时灌水，保证根系生长发育良好，有利于养分的吸收，防止缺氮症的发生。

二、缺磷症的矫正

(一)表现症状

缺磷时，根系生长不良，吸收力减弱，叶少而小，枝条细弱，叶片失去光泽，呈暗绿色，老叶上出现枯斑或褐斑。严重缺磷时，下部老叶趋向紫红色，新梢停止生长，花量少，坐果率低，形成的果实皮粗而厚，着色不良，味酸汁少，品质差，易形成"小老树"。

(二)产生原因

1. 土壤有效磷不足　①土壤有机质缺乏。②土壤过酸，磷因与铁、铝生成难溶性化合物而固定。③碱性土壤或施用石灰过多的土壤，磷与土壤中的钙相结合，使磷的有效性降低。④土壤干旱缺水，影响磷向根系扩散。

2. 施肥不当　偏施氮肥，不注意磷肥施用，或施用量过少，或施用方法不当等，都可引起磷素不足，造成脐橙缺磷症的发生。

3. 根系发育不良　长期低温，光照不足，果树根系发育不良，影响对磷的正常吸收。

（三）矫正措施

1. 改土培肥　在红壤丘陵山地栽种脐橙时，酸性土壤上应配施石灰，调节土壤 pH 值，以减少土壤对磷的固定，提高土壤中磷的有效性。同时还应增施有机肥，改良土壤，通过增强微生物的活动，促进磷的转化与释放。

2. 合理施用磷肥　酸性土壤上以选施钙镁磷肥较为理想。磷肥的施用期宜早不宜迟。一般在秋、冬季结合有机肥作基肥施用，可提高磷肥的利用率。对已发生缺磷症状的脐橙树，可在其生长季节用 0.2%～0.3%磷酸二氢钾溶液，或 1%～3%过磷酸钙溶液，或 0.5%～1.0%磷酸二铵溶液，进行叶面喷施。

3. 及时排水　认真做好果园的排水工作，尤其是低洼地果园，地下水位高，要防止果园积水，避免根系因无氧呼吸造成黑根烂根现象。雨季要及时排水，提高土壤温度，保证脐橙根系生长发育良好，增加对土壤中磷的吸收。

三、缺钾症的矫正

（一）表现症状

脐橙缺钾时，老叶叶尖和叶缘部位出现黄化，随后向下部扩展，叶片稍卷缩，呈畸形；新梢生长短小细弱；落花落果严重，果实变小，果皮薄而光滑，易裂果；抗旱、抗寒能力降低。

（二）产生原因

1. 土壤供钾不足 红黄壤、冲积物发育的泥沙土、浅海沉积物发育的砂性土及丘陵山地新垦土壤等，土壤全钾量低或质地粗，土壤钾流失严重，有效钾不足。

2. 施肥不合理 大量偏施氮肥，而有机肥和钾肥施用少。

3. 负载过多 高产果园钾素携出量大，土壤有效钾亏缺严重。

4. 拮抗作用 土壤中施入过量的钙和镁等元素，因拮抗作用而诱发缺钾。

5. 排水不良 由于排水不良，土壤还原性强，因而使根系活力降低，对钾的吸收受阻。

（三）矫正措施

1. 增施有机肥，培肥地力 充分利用生物钾肥资源，实行秸秆覆盖，增施有机肥料和草木灰等，能有效地防止钾营养缺乏症的发生。

2. 合理施用钾肥 脐橙要尽量少用含氯的化学钾肥，因脐橙对氯离子比较敏感，通常以施用硫酸钾来代替氯化钾。对已发生缺钾症状的脐橙树，可在脐橙生长季节用0.3%～0.5%磷酸二氢钾溶液或0.5%～1.0%硫酸钾溶液，进行叶面喷施。也可用含钾浓度较高的草木灰浸出液，进行根外追肥。

3. 控制氮肥用量，保持养分平衡 要控制氮肥用量，增施钾肥，以保证养分平衡，避免缺钾症的发生。

4. 认真做好果园的排水工作 要及时排除脐橙园内的积水，尤其是低洼地果园，地下水位高，土壤水分过多，极易造成根系的黑根烂根现象，更应格外注意。要使土壤持水量保持良好状态，促进根系生长发育，增强对土壤中钾的吸收，防止发生缺钾症。

四、缺钙症的矫正

(一)表现症状

缺钙时,根尖受害,生长停滞,严重时可造成烂根,损害树势。该症多发生在春梢叶片上,表现为叶片顶端黄化,而后扩展到叶缘部位。病叶的叶幅比正常窄,呈狭长畸形,并提前脱落。树冠上部的新梢为短缩丛状,生长点枯死,树势衰弱。落花落果严重。果小味酸,果形不正,易裂果。

(二)产生原因

1. 土壤有效钙含量低 土壤中缺乏有效钙,植株从土壤中吸收的钙不能满足生长发育、开花结果的需要,因而出现不正常的状态。

2. 施肥不当 偏施化肥,尤其是过多地施用生理酸性肥料,如氯化钾、硫酸钾、氯化铵和硫酸铵等,造成土壤酸化,促使土壤中可溶性钙流失,造成脐橙缺钙症的发生。此外,有机肥施用量少,不仅钙的投入少,而且使土壤保存钙的能力也弱,尤其是砂性土壤中有机质缺乏,更容易发生缺钙。

3. 土壤水分不足 干旱发生时,土壤水分不足,易导致土壤中盐浓度增加,会抑制脐橙根系对钙的吸收。

(三)矫正措施

第一,红壤山地开发的脐橙园,土壤结构差,有机质含量低,应增施有机肥料,改善土壤结构,增加土壤中可溶性钙的释放。

第二,对已发生缺钙严重的果园,一次用肥不宜过多,特别要控制氮、钾化肥的施用量。一方面,氮、钾化肥用量过多,易与钙产生拮抗作用;另一方面,土壤盐浓度过高,会抑制脐橙根系对钙的吸收。叶面喷施钙肥一般应在新叶期进行,通常喷施0.3%～0.5%硝酸钙液或0.3%过磷酸钙液，隔5～7天喷一次，连续喷2～3次。

第三，酸性土壤上应适量施用石灰，增加土壤中的钙含量，可有效地防止缺钙症的发生。

第四，土壤干旱缺水时，应及时灌水，保证根系生长发育良好，以免影响根系对钙的吸收。

五、缺镁症的矫正

（一）表现症状

脐橙缺镁时，结果母枝和结果枝的中位叶片主脉两侧出现肋骨状黄色区域，即出现黄斑，形成倒"∧"形黄化，从叶尖到叶基部保持绿色，约成倒三角形。附近的营养枝叶色正常。严重缺镁时，叶绿素不能正常形成，光合作用减弱，树势衰弱，开花结果少，出现枯梢。冬季大量落叶，有的患病树采后就开始大量落叶。病树易遭冻害，大小年结果明显。

（二）产生原因

一是土壤镁含量低。

二是大量施用石灰、过量施用钾肥以及偏施铵态氮肥，易诱发缺镁。

三是温暖湿润，高度淋溶的轻质土壤，使交换性镁含量降低。

（三）矫正措施

第一，一般可对土壤施用钙镁磷肥和硫酸镁等含镁肥料，增加土壤中的镁含量。

第二，对已发生缺镁症状的脐橙树，可在其生长季节用1%～2%硫酸镁溶液进行叶面喷施，每隔5～10天喷一次，连续喷施2～3次。

第三，在雨季要加强果园，尤其是低洼地果园的排水工作，防止果园积水，避免根系因无氧呼吸造成黑根烂根现象。在旱季要及时灌水，保证脐橙根系生长发育良好，有利于养分的吸收，防止缺镁症的发生。

六、缺硫症的矫正

(一)表现症状

脐橙缺硫时，其新梢叶像缺氮那样全叶明显发黄。随后，枝梢发黄，叶片变小，病叶提早脱落，而老叶仍为绿色，形成明显的对照。病叶主脉较其他部位要黄一些，尤以主脉基部和翼叶部位更黄，且易脱落。抽生的新梢纤细，而且多呈丛生状。开花结果减少，成熟期延迟，果小畸形，皮薄汁少。严重缺硫时，汁胞干缩。

(二)产生原因

一是土质粗、有机质贫乏的酸性脐橙园，因淋溶强烈，有效硫含量低。

二是长期不用或少用有机肥料、含硫肥料及含硫农药，土壤中因携出和淋溶所造成的硫缺乏得不到补充。

(三)矫正措施

第一，新建脐橙园，土壤熟化程度低，有机质贫乏，应增施有机肥，改良土壤结构，提高土壤的保水保肥性能，促进脐橙根系的生长发育和对硫的吸收利用。

第二，施用含硫肥料，如硫酸铵和硫酸钾等。对已发生缺硫症状的脐橙树，可在脐橙生长季节用0.3%硫酸锌、硫酸锰或硫酸铜溶液进行叶面喷施，每隔5～7天喷一次，连续喷施2～3次。

七、缺硼症的矫正

(一)表现症状

脐橙缺硼时,初期新梢叶出现黄色不定形的水浸状斑点,叶片卷曲,无光泽,呈古铜色、褐色以至黄色,并出现畸形。叶脉发黄增粗,表皮开裂,木栓化。新芽丛生,花器萎缩,落花落果严重。果实发育不良,果小而畸形,幼果发僵发黑,易脱落。成熟果实果小,皮红,汁少,味酸,品质低劣。严重缺硼时,树体顶部生长受到抑制,出现枯枝落叶。树冠呈秃顶景观,有时还可看到叶柄断裂,叶片倒挂在枝梢上,最后枯萎脱落。果皮变厚而硬,表面粗糙呈瘤状。果皮及中心柱有褐色胶状物。果小,畸形,坚硬如石。汁胞干瘪,渣多汁少,淡而无味。

(二)产生原因

1. 土壤有效硼含量低 在土层浅、质地粗的砂砾质酸性土壤上,由于强烈的雨水淋溶作用,土壤有效硼降至极低水平,脐橙极易发生缺硼症。

2. 水溶性硼含量低 土壤含钙量过多或施用石灰过多,土壤中的硼易被钙固定,使水溶性硼含量降低。

3. 土壤缺水 夏、秋干旱季节,灌溉条件差的脐橙园,土壤干旱缺水时,硼的迁移和吸收受抑制,容易诱发缺硼症。

4. 施肥不平衡 氮肥施用过多,容易引起氮和硼的比例失调,易发生缺硼。

(三)矫正措施

1. 改良土壤 培肥地力,增强土壤的保水供水性能,促进脐橙根系的生长发育及其对硼的吸收利用。

2. 合理施肥 防止氮肥过量,通过增施有机肥、套种绿肥,提高土壤的有效硼,增加土壤供硼能力,可有效地防止缺硼症的发生。

3. 科学进行果园水分管理 在雨季，应加强脐橙园的排水工作，减少土壤有效硼的固定和流失，防止果园积水，以免发生根系因无氧呼吸所造成的黑根烂根现象，降低根系的吸收功能。在夏、秋干旱季节，脐橙园要及时覆盖或灌水，保证脐橙根系生长健壮，有利于养分的吸收，防止缺硼症的发生。

4. 合理施用硼肥 对已发生缺硼症状的脐橙树，可进行土施硼砂。土施时，最好与有机肥配合施用，用量视树体大小而定，一般小树每株施硼砂 10～20 克，大树每株施 50 克。也可在脐橙生长季节用 0.2%～0.3%的硼砂溶液进行叶面喷施，每隔 7～10 天喷一次，连续喷施 2～3 次。喷施硼砂液时，最好加等量的石灰，以防药害。严重缺硼的脐橙园还应在幼果期加喷 0.1%～0.2%的硼砂液一次。值得注意的是，无论是土施还是叶面喷施，都要做到均匀施用，切忌过量，以防发生硼中毒。硼在树体内运转力差，以多次喷雾为好，至少要保证喷施两次，才能真正起到保花保果的作用。

八、缺铁症的矫正

(一)表现症状

缺铁时，幼嫩新梢叶片黄化，而老叶仍正常。缺铁叶片开始时叶肉变黄，叶脉保持绿色，呈极细的绿色网状脉，脉纹清晰可见。随着缺铁程度的加重，叶片除主脉保持绿色外，其余黄白化。严重缺铁时，叶缘枯焦褐变，叶片提前脱落。枝梢生长衰弱，果皮着色不良，为淡黄色，味淡发酸。脐橙的缺铁黄化症状，以树冠外缘向阳部位的新梢叶最为严重，而树冠内部和荫蔽部位黄化较轻。一般春梢叶发病较轻，而秋梢或晚秋梢发病较重。

(二)产生原因

1. 拮抗作用 土壤中有效态铜、锌、锰含量过高，对铁的吸收有明显的拮抗作用，易造成脐橙缺铁黄化。

2. 过量施磷 土壤中过量施用磷肥，大量的可溶性磷酸根离子与铁反应，生成难溶性的磷酸铁盐，降低土壤中的有效铁含量。

3. 土壤过湿 雨水过多，土壤过湿，也会降低土壤的有效铁含量。

(三)矫正措施

1. 改良土壤 改良土壤结构，增加土壤通气性，提高土壤中铁的有效性和脐橙根系对铁的吸收能力。

2. 科学施肥 磷肥、锌肥、铜肥和锰肥等肥料的施用要适量，以避免这些营养元素过量对铁的拮抗作用，防止发生缺铁症。

3. 叶面喷施铁肥 对已发生缺铁症状的脐橙树，可在其生长季节，用0.3%～0.5%的硫酸亚铁溶液进行叶面喷施，每隔5～7天喷一次，连续喷施2～3次。应当注意的是，在挂果期不能喷布树冠，以免烧伤果面，造成伤疤，损害果品商品价值。

九、缺锰症的矫正

(一)表现症状

脐橙缺锰时，大多在新叶暗绿色的叶脉之间出现淡绿色的斑点或条斑。随着叶片的成熟，症状越来越明显，淡绿色或淡黄绿色的区域随着病情的加剧而扩大。最后叶片部分留下明显的绿斑，严重时病斑变成褐色，引起落叶，果皮色淡发黄，果皮变软。

(二)产生原因

一是在土层浅、质地粗的山地砂性土上,雨水过多,淋溶强烈,易造成土壤有效锰的缺乏。

二是石灰施用过量,会降低土壤有效锰的含量,从而诱发缺锰。土壤中铜、铁、锌等元素的离子含量过高,也会导致缺锰症的发生。

(三)矫正措施

第一,新建脐橙园,土壤熟化程度低,有机质贫乏,应增施有机肥和硫黄,改良土壤结构,提高土壤中锰的有效性和脐橙根系对锰的吸收能力。

第二,合理施肥,保持土壤养分平衡,可有效地防止缺锰症的发生。

第三,适量施用石灰,以防超量,降低土壤有效锰。

第四,对已发生缺锰症状的脐橙树,可在脐橙生长季节用0.5%~1.0%的硫酸锰溶液进行叶面喷施,每隔5~7天喷一次,连续喷施2~3次。

十、缺锌症的矫正

(一)表现症状

脐橙缺锌时,枝梢生长受抑制,节间显著变短,叶片窄小,直立丛生,表现出簇叶病和小叶病,叶色褪绿,形成黄绿相间的花叶。抽生的新叶随着老熟程度的提高,叶脉间出现黄色斑点,逐渐形成肋骨状的鲜明黄色斑块,严重时整个叶片均变为淡黄色。花芽分化不良,退化花多。落花落果严重,产量低。果实小、皮厚汁少。同一树上的向阳部位较荫蔽部位发病为重。

(二)发生原因

一是有机质含量低的贫瘠土壤,有效锌供应量不足。

二是过量施用磷肥,不仅对脐橙根系吸收锌有明显的拮抗作用,还会因为脐橙树体内磷锌比例失调,而降低锌在体内的活性,诱发缺锌症。

三是南坡强光照条件下,易造成脐橙缺锌症的发生。

(三)矫正措施

1. 增施有机肥,改善土壤结构 在施用有机肥的同时,结合施用锌肥。土壤施用锌肥可采用硫酸锌。通过增施锌肥和有机肥,来改善锌肥的供给状态,提高土壤锌的有效性和脐橙根系对锌的吸收能力。

2. 合理施用磷肥 在脐橙园内,尤其是在缺锌土壤上的脐橙园,应注意磷肥与锌肥的配合施用。同时,要避免磷肥过分集中施用,以免对锌产生拮抗作用,造成局部缺锌,诱致脐橙缺锌症的发生。

3. 叶面喷施锌肥 对已发生缺锌症状的脐橙树,可在其生长季节用0.3%～0.5%的硫酸锌溶液加0.2%～0.3%石灰及0.1%洗衣粉作展着剂,进行叶面喷施。每隔5～7天喷一次,连续喷施2～3次。

值得注意的是,叶面喷施锌肥最好不要在芽期进行,以免发生药害。无论是土施还是叶面喷施,锌肥的有效期较长。因此,无需年年施用。

4. 搞好果园的排灌工作 春季雨水多,要及时排除脐橙园内积水,并降低地下水位。干旱季节,要加强灌溉,保证根系的正常生长和吸收功能。合理排灌水,可防止脐橙树缺锌症的发生。

十一、缺铜症的矫正

(一)表现症状

脐橙缺铜时,初期表现为新梢生长曲折呈“S”形。叶片特别大,叶色暗绿,叶肉呈淡黄色的网状,叶形不规则,主脉弯曲;严重缺铜时,叶片和枝的尖端枯死,幼嫩枝梢树皮上产生水泡,泡内积满褐色胶状物质,最后病枝枯死。幼果缺铜时为淡绿色,易裂果而脱落,果皮厚而硬,果汁味淡。

(二)发生原因

一是在酸性土壤上,铜的有效性低,容易发生缺铜症。

二是大量施用氮肥和磷肥,容易发生缺铜症。

三是有机质特别丰富的土壤,由于铜被土壤有机质螯合固定,也会引起脐橙缺铜。

(三)矫正措施

1. 改良土壤 在红壤山地开发的脐橙园,应适量增施石灰,以中和土壤酸性。同时,要增施有机肥,改善土壤结构,提高土壤有效铜含量和脐橙根系对铜的吸收能力。

2. 科学施肥 合理施用氮肥,配合磷、钾肥,保持养分平衡,防止氮肥用量过大,引发缺铜症的发生。对已发生缺铜症状的脐橙树,可在脐橙生长季节用 0.2%的硫酸铜溶液进行叶面喷施,喷施时最好加少量的熟石灰溶液,浓度为0.15%~0.25%,以防发生伤害。每隔 5~7 天喷一次,连续喷施 2~3 次。

十二、氯害的矫正

(一)表现症状

受到氯害的脐橙植株,其叶片在中肋部基部有褐色坏死区域，褐（死组织）绿（活组织）界线清楚，继而叶片从翼叶交界处脱落，乃至整个枝条叶片脱光，同时枝梢出现褐色而干枯。严重受害时整株死亡。

（二）产生原因

大量施用氯化钾或氯化铵及含氯复混肥，是造成脐橙氯害的主要原因。

（三）矫正措施

第一，要严格控制氯肥的施用。在脐橙树上要严格控制施用含氯的化肥，因脐橙对氯离子比较敏感，尤其是要控制含有氯化铵及氯化钾的“双氯”复混肥的施用，以防受到氯离子的危害，给脐橙带来不必要的损失。

第二，对已发生氯中毒的脐橙树，要及时地把施入土壤中的肥料移出，同时对叶面喷施 6 000 倍液的爱多收或 0.2%的磷酸二氢钾肥液，以恢复树势。

第三，受氯危害严重的脐橙树，树体大量落叶。对这种树要加重修剪量。在春季萌芽前，应早施肥，使叶芽萌发整齐。在各次枝梢展叶后，可对树冠叶面喷施 0.3%尿素+0.2%磷酸二氢钾混合液，也可喷施有机营养液肥 1～2 次，如农人液肥、氨基酸和倍力钙等，以促梢壮枝，尽快恢复树势和产量。

附录　土壤养分及酸碱度的测定

一、土壤水分的测定

(一)方法原理

土壤样品在105℃±2℃条件下，烘至恒重时的失重量，即为土壤样品所含水分的质量。

本方法适用于测定除石膏性土壤和有机土壤(含有机质20%以上的土壤)以外的各类土壤的水分含量。

(二)仪器设备

铝盒(小型的，直径约40毫米，高约20毫米；大型的，直径约55毫米，高约28毫米)，分析天平(感量为0.001克和0.01克)，小型电热恒温烘箱，干燥器。

(三)操作步骤

1. 试样的选取和制备

(1)风干土样　选取有代表性的风干土壤样品，压碎，通过1毫米筛，混匀后备用。

(2)新鲜土样　在田间用土钻钻取有代表性的新鲜土样，刮去土钻中的上部浮土，将土钻中部所需深度处的土壤约20克，捏碎后迅速装入已知准确质量的大型铝盒内，盖紧，装入木箱或其他容器，带回室内，将铝盒外表擦拭干净，立即称重，尽早测定水分。

2. 风干土样水分的测定　取小型铝盒在105℃恒温箱中烘烤约2小时，移入干燥器内冷却至室温，称重，准确至0.001克。用角勺将风干土样拌匀，称取约5克，均匀地平铺在铝盒中，盖好，称重，准确至0.001克。将铝盒盖揭开，放在盒底下，置于已预热至105℃±2℃的烘箱中烘烤6小时，取出，盖好，移入干燥器内冷却至室温。约20分钟后立即称重。风干土样水分的测定应做两份平行测定。

3. 新鲜土样水分的测定　将盛有新鲜土样的大型铝盒在分析天平

上称重,准确至 0.01 克。揭开盒盖,放在盒底下,置于已预热至 105℃±2℃的烘箱中,烘烤 12 小时。取出,盖好,在干燥器中冷却至室温。约需 30 分钟。立即称重。新鲜土样水分的测定应做三份平行测定。

注:烘烤至规定时间后一次称重,即达"恒重"。

(四)结果计算

$$水分(分析基)\% = \frac{m_1 - m_2}{m_1 - m_0} \times 100\% \cdots\cdots(1)$$

$$水分(干基)\% = \frac{m_1 - m_2}{m_1 - m_0} \times 100\% \cdots\cdots(2)$$

式中:m_0——烘干空铝盒质量(克);

m_1——烘干前铝盒及土样质量(克);

m_2——烘干后铝盒及土样质量(克)。

二、土壤有机质含量的测定

测定土壤有机质含量,采用外加热重铬酸钾容量法。

(一)方法原理

在加热的条件下,用过量的重铬酸钾——硫酸溶液来氧化土壤有机质中的碳,$Cr_2O_7^{2-}$ 等被还原成 Cr^{3+}。剩余的重铬酸钾,用硫酸亚铁标准溶液滴定,根据消耗的重铬酸钾量计算出有机碳量,再乘以常数 1.724,即为土壤有机质含量。

(二)仪器设备

分析天平(感量为 0.000 1 克),普通电炉,硬质试管,铝锅,铁丝笼(消煮时插试管用),定时钟,温度计(200℃~300℃)。

(三)试　剂

1. 重铬酸钾标准溶液(0.800 0 摩/升)　准确称取经 130℃烘干的重铬酸钾($K_2Cr_2O_7$,分析纯)39.224 5 克,加水 400 毫升,加热溶解,冷却后定容于 1 000 毫升容量瓶中。

2. 硫酸(H_2SO_4)　分析纯,ρ=1.84 克/厘米³。

3. 硫酸亚铁溶液(0.2 摩/升)　称取硫酸亚铁($FeSO_4 \cdot 7H_2O$,化

学纯)56.0 克溶于水中,加浓硫酸 15 毫升,定容至 1 升。

4. 邻啡罗啉指示剂 称取邻啡罗啉($C_{12}H_8N_2 \cdot H_2O$,分析纯)1.485 克及硫酸亚铁($FeSO_4 \cdot 7H_2O$,化学纯)0.695 克,溶于 100 毫升蒸馏水中,贮于棕色滴瓶中(此指示剂以临用时配制为好)。

5. 硫酸银(Ag_2SO_4) 分析纯。研成粉末。

6. 二氧化硅(SiO_2) 分析纯。粉末状。

(四)测定步骤

在分析天平上称取通过 0.149 毫米筛的土样 0.1~0.5 克(精确到 0.0001 克,根据土壤有机质含量确定称样量,具体参照下表),用长条蜡光纸把称取的样品全部倒入干燥的硬质试管底部,用移液管准确加入 5.00 毫升重铬酸钾标准溶液(如果土壤中氯化物含量高,则需先加硫酸银 0.1 克),用注射器加入 5.00 毫升浓硫酸,摇匀,然后在试管口加一小漏斗。

附表 不同土壤有机质含量的称样量

有机质含量(克/千克)	试样质量(克)
20 以下	0.4~0.5
20~70	0.2~0.3
70~100	0.1
100~150	0.05

预先将液体石蜡油或植物油浴锅加热至 185℃~190℃,将硬质试管放入铁丝笼中,然后将铁丝笼放入油浴锅中加热,温度控制在 170℃~180℃。待试管中液体沸腾发生气泡时开始计时,煮沸 5 分钟,取出试管,稍冷,擦净试管外部油液。

冷却后,将硬质试管内容物小心仔细地全部洗入 250 毫升三角瓶中,使瓶内总体积在 60~70 毫升,保持其中硫酸浓度为 1~1.5 摩/升。此时溶液的颜色应为橙黄色或淡黄色。然后,加邻啡罗啉指示剂 3~4 滴,用 0.2 摩/升的硫酸亚铁溶液滴定。在滴定过程中,要不断摇动内容物,溶液由黄色经过绿色、淡绿色突变为棕红色,即为终点。

在测定样品的同时，必须做 2～3 个空白试验，取 0.500 克粉状二氧化硅代替土样。其他过程与土壤测定过程相同，取其平均值。

注：①最好用磷酸浴或石蜡浴代替植物油浴，以保证结果准确，避免污染。磷酸浴不能用金属锅，须用玻璃容器。

②如果试样滴定所用硫酸亚铁的体积不及空白标定所用硫酸亚铁体积的 1/3 时，则应减少土样称量而重测。

(五)结果计算

土壤有机质(克/千克)=

$$\frac{\frac{C\times 5}{V_0}\times(V_0-V)\times 10^{-3}\times 3.0\times 1.724\times 1.1}{m}\times 1000$$

式中：C——重铬酸钾($1/6K_2Cr_2O_7$)标准溶液的浓度(摩/升)；

5——重铬酸钾标准溶液加入的体积(毫升)；

V_0——滴定空白液时所用去的硫酸亚铁体积(毫升)；

V——滴定样品时所用去的硫酸亚铁体积(毫升)；

10^{-3}——将毫升换算为升；

3.0——1/4 碳原子的摩尔质量(克/摩)；

1.724——土壤有机碳换算成土壤有机质的平均换算系数；

1.1——氧化校正系数；

m——风干土样质量(克)

三、土壤全氮含量的测定

测定土壤全氮含量，采用半微量开氏法。

(一)方法原理

样品在加速剂的参与下，用浓硫酸消煮时，各种含氮有机化合物经过复杂的高温分解反应，转化为铵态氮。碱化后蒸馏出来的氨用硼酸吸收，以酸标准溶液滴定，求出土壤全氮含量(不包括全部硝态氮)。

包括硝态和亚硝态氮的全氮测定，在样品消煮前，需先用高锰酸钾将样品中的亚硝态氮氧化为硝态氮后，再用还原铁粉使全部硝态氮还原，转化成铵态氮。

(二)仪器设备

土壤样品粉碎机，玛瑙研钵，土壤筛(孔径 1.0 毫米；0.25 毫米)，分析天平(感量为 0.000 1 克)，硬质开氏烧瓶(容积 50 毫升，100 毫升)，半微量定氮蒸馏装置，半微量滴定管(容积 10 毫升，25 毫升)，锥形瓶(容积 150 毫升)，电炉(300 瓦变温电炉)。

(三)试　剂

1. 硫酸(H_2SO_4)　分析纯，$\rho=1.84$ 克/厘米^3。

2. 加速剂　100 克硫酸钾(K_2SO_4，化学纯)，10 克五水合硫酸铜($CuSO_4 \cdot 5H_2O$，化学纯)，1 克硒粉于研钵中研细，必须充分混合均匀。

3. 氢氧化钠溶液(10 摩/升)　400 克氢氧化钠(NaOH，工业用或化学纯)溶于水，冷却后稀释至 1 升，贮存于塑料瓶中。

4. 甲基红—溴甲酚绿混合指示剂　称取甲基红 0.1 克和溴甲酚绿 0.5 克于玛瑙研钵中，加入 100 毫升乙醇研磨至完全溶解。

5. 硼酸—指示剂混合液(20 克/升)　称取 20 克硼酸(H_3BO_3，化学纯)溶于 1 升水中，每升 H_3BO_3 溶液中加入甲基红—溴甲酚绿混合指示剂 5 毫升，并用稀酸或稀碱调节至微紫红色，此时该溶液的 pH 值为 4.8。指示剂用前与硼酸混合，此试剂宜现配，不宜久放。

6. 硫酸标准溶液(0.005 摩/升)　先配成 0.1 摩/升(1/2 H_2SO_4)的溶液，用 Na_2CO_3 标定后，再稀释 20 倍。

0.1 摩/升(1/2H_2SO_4)的溶液的配制：吸取 3 毫升浓硫酸(H_2SO_4，$\rho=1.84$ 克/厘米^3，分析纯)，稀释定容至 1 升。标定方法如下：

先将碳酸钠(Na_2CO_3，分析纯)于称量瓶中，在 160℃温度下烘干 2 小时以上，称取 2.000 0 克(准确至 0.000 1 克)，定容于 250 毫升。吸取 25.00 毫升碳酸钠溶液放入 250 毫升三角瓶中，加 1～2 滴甲基红—溴甲酚绿混合指示剂，用配好的 0.1 摩/升(1/2H_2SO_4)溶液滴定至溶液由绿色变为紫红色，煮沸 2～3 分钟去尽 CO_2，冷却后继续滴定，至溶液突变为葡萄酒红色为终点。做 3 次重复，同时做空白实验。按照下式计算硫酸标准溶液的浓度，取 3 次标定结果的平均值：

硫酸(1/2 H_2SO_4)标准溶液浓度(摩/升)

$$C=\frac{W\times\frac{25}{250}}{\frac{M}{2000}\times(V-V_0)}$$

式中：C——硫酸（$1/2\ H_2SO_4$）标准溶液浓度（摩/升）；

W——称取 Na_2CO_3 质量（克）；

25——标定时吸取 Na_2CO_3 溶液的体积（毫升）；

250——Na_2CO_3 标准溶液定容的总体积（毫升）；

M——Na_2CO_3 的摩尔质量（克/摩）；

2000——将 Na_2CO_3 的摩尔质量转化为 $1/2Na_2CO_3$ 的毫摩尔质量；

V——标定时所用酸的体积（毫升）；

V_0——空白实验所用酸的体积（毫升）。

7. 高锰酸钾溶液　25克高锰酸钾（$KMnO_4$，化学纯）溶于500毫升无离子水，贮于棕色瓶中。

8. 硫酸（1∶1）　100毫升浓硫酸（H_2SO_4，$\rho=1.84$ 克/厘米^3，分析纯）缓缓加入100毫升水中，冷却后摇匀。

9. 还原铁粉　磨细通过孔径0.15毫米筛。

10. 辛　醇　化学纯。

（四）土壤样品的制备

将通过孔径1毫米筛的土样，在牛皮纸上铺成薄层，划分成多个小方格。用小勺于每个方格中，取等量的土样（总量不得少于20克）于玛瑙研钵中研磨，使之全部通过0.25毫米筛。混合均匀后备用。

（五）测定步骤

1. 称　样　称取风干土样（通过0.25毫米筛）1.0克（精确到0.0001克，含氮约1毫克），同时测定土样水分含量。

2. 土样消煮

（1）不包括硝态和亚硝态氮的消煮　将土样送入干燥的开氏瓶底部，加少量无离子水（约0.5～1毫升）湿润土样后，加入2克加速剂和5毫升浓硫酸，摇匀。将开氏瓶倾斜置于300瓦变温电炉上，用小火加热，待瓶内反应缓和时（10～15 分钟），加强火力使消煮的土液保持微沸，加热的部位不超过瓶中的液面，以防瓶壁温度过高而使铵盐受热分解，导致氮素损失。消煮的温度以硫酸蒸气在瓶颈上部 1/3 处冷凝回流为宜。待消煮液和土粒全部变为灰白稍带绿色后，再继续消煮 1 小时。消煮完毕后冷却，待蒸馏。在消煮土样的同时，做两份空白测定，除不加土样外，其他操作皆与测定土样时相同。

(2)包括硝态和亚硝态氮的消煮 将土样送入干燥的 50 毫升开氏瓶底部，加 1 毫升高锰酸钾溶液，摇动开氏瓶，缓缓加入 2 毫升 1∶1 硫酸，不断转动开氏瓶，然后放置 5 分钟，再加入 1 滴辛醇。通过长颈漏斗，将 0.5 克（±0.01 克）还原铁粉送入开氏瓶底部，瓶口盖上小漏斗，转动开氏瓶，使铁粉与酸接触，待剧烈反应停止时（约 5 分钟），将开氏瓶置于电炉上，缓缓加热 45 分钟（瓶内土液应保持微沸，以不引起大量水分丢失为宜）。停火，待开氏瓶冷却后，通过长颈漏斗加 2 克加速剂和 5 毫升浓硫酸，摇匀。按(1)的步骤，消煮至土液全部变为黄绿色，再继续消煮 1 小时。消煮完毕，冷却，待蒸馏。在消煮土样的同时，做两份空白测定。

3. 氮的蒸馏 蒸馏前先检查蒸馏装置是否漏气，并通过水的馏出液将管道洗净。

待消煮液冷却后，用少量无离子水将消煮液定量地全部转入蒸馏器内，并用水洗涤开氏瓶 4～5 次（总用水量不超过 30～35 毫升）。

于 150 毫升锥形瓶中加入 5 毫升 2％硼酸——指示剂混合液，放在冷凝管末端，管口置于硼酸液面以上 3～4 厘米处。然后向蒸馏室内缓缓加入 20 毫升 10 摩/升氢氧化钠溶液，通入蒸汽蒸馏，待馏出液体积约 50 毫升时，即蒸馏完毕。用少量已调节至 pH 值 4.5 的水洗涤冷凝管的末端。

用 0.005 摩/升（$1/2\ H_2SO_4$）标准溶液，滴定馏出液由蓝绿色至刚变为红紫色。记录所用酸标准溶液的体积（毫升）。空白测定所用酸标准溶液的体积，一般不得超过 0.4 毫升。

（六）结果计算

$$土壤全氮(\%)=\frac{(V-V_0)\times C_H\times 0.014}{m}\times 100\%$$

式中：V——滴定样品时所用酸标准溶液的体积（毫升）；

V0——滴定空白液时所用酸标准溶液的体积（毫升）；

C_H——酸标准溶液的浓度（摩/升）；

0.014——氮原子的毫摩质量；

m——土样质量（克）

四、土壤有效磷含量的测定

甲、石灰性土壤有效磷的测定（0.5 **摩/升 $NaHCO_3$-HCl 浸提—钼锑抗比色法**）

（一）方法原理

石灰性土壤存在大量游离碳酸钙，不能用酸溶液来提取速效磷，而可用碳酸盐的碱溶液。由于碳酸根的同离子效应，碳酸盐的碱溶液降低碳酸钙的溶解度，也就降低了溶液中钙的浓度，有利于磷酸钙盐的提取。同时，由于碳酸盐的碱溶液也降低了铝和铁离子的活性，有利于磷酸铝和磷酸铁的提取。此外，碳酸氢钠碱溶液中存在着 OH^-、HCO_3^-、CO_3^{2-} 等阴离子，有利于吸附态磷的交换。因此，碳酸氢钠不仅适用于石灰性土壤，也适用于中性和酸性土壤速效磷的提取。

待测液用钼锑抗混合显色剂在常温下进行还原，使黄色的锑磷钼杂多酸还原为磷钼蓝进行比色。

（二）仪器设备

往复振荡机，电子天平（感量为 0.01 克），分光光度计，无磷滤纸。

（三）试　剂

1. 0.5 摩/升碳酸氢钠浸提剂（pH 值 8.5）　将 42.0 克碳酸氢钠（$NaHCO_3$，分析纯）溶于约 800 毫升水中，稀释至 990 毫升，用 4.0 摩/升氢氧化钠溶液调节 pH 值至 8.5（用 pH 计测定）。贮存于聚乙烯或玻璃瓶中，用瓶塞塞紧。如贮存期超过 20 天，使用时必须检查并校准 pH 值。

2. 无磷活性炭粉　如果所用活性炭含磷，应先用 1∶1 盐酸浸泡 12 小时以上，然后移放在平板漏斗上抽气过滤，用水淋洗 4～5 次，再用碳酸氢钠浸提剂浸泡 12 小时以上，在平板漏斗上抽气过滤，用水洗尽碳酸氢钠，并至无磷为止，烘干备用。

3. 钼锑贮备液 取 153 毫升浓硫酸(H_2SO_4，$\rho=1.84$ 克/厘米^3，分析纯)，缓缓注入约 400 毫升水中，搅匀，冷却。另称取 10.0 克钼酸铵[$(NH_4)_6Mo_7O_{24}\cdot 4H_2O$，分析纯]溶于 300 毫升约 60℃的水中，冷却。然后将配好的稀硫酸注入钼酸铵溶液中，同时搅匀；再加入 5 克/升的酒石酸氧锑钾溶液[$K(SbO)C_4H_4O_6\cdot 1/2H_2O$，分析纯]100 毫升；最后用水稀释至 1 000 毫升，盛于棕色瓶中。

4. 钼锑抗显色剂 1.50 克抗坏血酸($C_6H_8O_6$，左旋，比旋光度 $+21°\sim+22°$，分析纯)溶于 100 毫升钼锑贮备液中。此试剂有效期在室温下为 24 小时，在 2℃～8℃冰箱中可贮存 7 天。

5. 磷标准贮备溶液(100 毫克/升) 称取 105℃烘干的磷酸二氢钾 0.439 4 克，溶于约 200 毫升水中，加入 5 毫升浓硫酸(H_2SO_4，$\rho=1.84$ 克/厘米^3，分析纯)，转入 1 升容量瓶中，用水定容。此贮备溶液可以长期保存。

6. 磷标准工作溶液(5 毫克/升) 将磷标准贮备溶液准确稀释 20 倍。此工作溶液不宜久存。

(四)操作步骤

1. 土壤有效磷的提取 称取通过 1 毫米孔径筛的风干土样 2.5 克(精确到 0.001 克)于 150 毫升三角瓶中，准确加入 0.5 摩/升碳酸氢钠溶液 50 毫升，再加一小角匙无磷活性炭(如有机质少时可不加)，塞紧瓶塞，在振荡机上振荡 30 分钟(振荡机速率为每分钟 150～180 次)，立即用无磷滤纸干过滤，滤液承接于 100 毫升三角瓶中。最初 7～8 毫升滤液弃去。同时做空白实验。

2. 待测液中磷的测定 吸取滤液 10 毫升(含磷量高时吸取 2.5～5 毫升，同时应补加 0.5 摩/升碳酸氢钠溶液至 10 毫升)于 50 毫升容量瓶中，加硫酸钼锑抗混合显色剂 5 毫升，充分摇匀，排出二氧化碳后加水定容至刻度，再充分摇匀。30 分钟后，在分光光度计上比色(波长 700 纳米)，比色时须同时做空白测定。

3. 标准曲线的绘制　分别吸取 5 摩/升磷标准溶液 0,1,2,3,4,5 毫升于 50 毫升容量瓶中,加水稀释至约 30 毫升,再逐个加入 0.5 摩/升碳酸氢钠溶液 10 毫升和硫酸—钼锑抗混合显色剂 5 毫升,摇匀,定容,即得 0,0.1,0.2,0.3,0.4,0.5 毫克/升标准系列溶液,同待测液同时比色,绘制标准曲线。

(五)结果计算

$$土壤有效磷含量(毫克/千克)=\frac{\rho \times V \times ts}{m}$$

式中:ρ——从工作曲线上查得的比色液磷的浓度(毫克/升);

V——显色液的体积(毫升);

ts——分取倍数,浸提液总体积/吸取浸提液体积;

m——称取土样重量(克)。

乙、酸性土壤有效磷的测定(NH_4F-HCl 浸提—钼锑抗比色法)

(一)方法原理

NH_4F-HCl 法主要提取土酸溶性磷和吸附磷,包括大部分磷酸钙和一部分磷酸铝与磷酸铁。其主要通过两种作用释放土壤有效磷:一是 NH_4F 中 F 和 Fe-P、Al-P 中 Fe、Al 在酸性条件下,形成络合物而释放有效磷;二是通过稀酸的溶解作用释放部分 Ca-P。

该方法适用于酸性土壤而不适于石灰性土壤。

(二)仪器设备

往复振荡机,分光光度计。

(三)试　剂

1. 盐酸溶液(1.0 摩/升)　吸取 86 毫升浓盐酸(HCl,ρ=1.19 克/厘米^3,分析纯)稀释至 1 升。

2. 氢氧化钠溶液(2.0 摩/升)　称取 80.0 克氢氧化钠(NaOH,分析纯)溶于水,冷却后稀释至 1 升。

3. 浸提剂[氟化铵(0.03 摩/升),盐酸(0.025 摩/升)]　称取 1.11 克氟化铵(NH_4F,分析纯)溶于 800 毫升水中,加盐酸(1.0 摩/升)25 毫升，然后稀释至1升，贮于塑料瓶中。

4. 硼酸溶液(0.8摩/升) 称取49.0克硼酸(H_3BO_3，分析纯)溶于约900毫升热水中，冷却后稀释至1升。

5. 二硝基酚指示剂 称取0.2克2,6-二硝基酚或2,4-二硝基酚[$C_6H_3OH(NO_2)_2$，分析纯]溶于100毫升水中。

6. 钼锑贮备液 取153毫升浓硫酸(H_2SO_4，ρ=1.84克/厘米^3，分析纯)，缓缓注入约400毫升水中，搅匀，冷却。另称取10.0克钼酸铵[$(NH_4)_6Mo_7O_{24} \cdot 4H_2O$，分析纯]溶于300毫升约60℃的水中，冷却。然后将配好的稀硫酸注入钼酸铵溶液中，同时搅匀；再加入5克/升的酒石酸氧锑钾溶液[$K(SbO)C_4H_4O_6 \cdot 1/2H_2O$，分析纯]100毫升；最后用水稀释至1 000毫升，盛于棕色瓶中。

7. 钼锑抗显色剂 将1.50克抗坏血酸($C_6H_8O_6$，左旋，比旋光度+21°～+22°，分析纯)溶于100毫升钼锑贮备液中。此试剂有效期在室温下为24小时，在2℃～8℃冰箱中可贮存7天。

8. 磷标准贮备溶液(100毫克/升) 称取105℃烘干的磷酸二氢钾0.439 4克，溶于约200毫升水中，加入5毫升浓硫酸(H_2SO_4，ρ=1.84克/厘米^3，分析纯)，转入1升容量瓶中，用水定容。此贮备溶液可以长期保存。

9. 磷标准工作溶液(5毫克/升) 将磷标准贮备溶液准确稀释20倍。此工作溶液不宜久存。

(四)操作步骤

1. 土壤有效磷的提取 称取通过1毫米孔径筛的风干土样5.0克(精确到0.001克)于150毫升塑料瓶中，准确加入浸提剂50毫升，在20℃～25℃下振荡30分钟(振荡机速率为每分钟150～180次)，取出后立即用无磷滤纸干过滤，滤液承接于塑料瓶中。同时做空白实验。

2. 待测液中磷的测定 吸取滤液10～20毫升(含磷5～25微克)于50毫升容量瓶中，加入10毫升硼酸溶液，再加入二硝基酚指示剂2滴，用稀盐酸(1.0摩/升)和稀氢氧化钠溶液(2.0摩/升)调节pH值至待测液呈微黄色，加入硫酸钼锑抗混合显色剂5毫升，充分摇匀，定容至刻度,再充分摇匀。30 分钟后,在分光光度计上比色(波长 700 纳米),比色时须同时做空白测定。

3. 标准曲线的绘制 分别吸取 5 摩/升磷标准溶液 0,1,2,3,4,5 毫升于 50 毫升容量瓶中,再逐个加入 10～20 毫升 NH_4F-HCl 浸提剂(与测磷时吸取待测液的体积相同)、10 毫升硼酸溶液、5 毫升硫酸-钼锑抗混合显色剂,摇匀,定容。即得 0,0.1,0.2,0.3,0.4,0.5 毫克/升标准系列溶液,同待测液同时比色。绘制标准曲线。

(五)结果计算

$$\text{土壤有效磷含量(毫克/千克)}=\frac{\rho \times V \times ts}{m}$$

式中:ρ——从工作曲线上查得的比色液磷的浓度(毫克/升);

V——显色液的体积(毫升);

ts——分取倍数,浸提液总体积/吸取浸提液体积;

m——称取土样重量(克)。

五、土壤速效钾含量的测定

测定土壤速效钾含量,采用醋酸铵提取-火焰光度计法。

(一)方法原理

以 1 摩/升中性乙酸铵溶液为浸提剂,NH_4^+ 与土壤胶体表面的 K^+ 进行交换,连同水溶性的 K^+ 一起进入溶液,浸出液中的钾可用火焰光度计法直接测定。

用火焰光度计法测定钾含量时,将待测液在高温激发下,辐射出钾元素的特征光谱,通过钾滤光片,经光电池或光电倍增管,把光能转换为电能,放大后用微电流表(检流计)指示其强度;从钾标准溶液浓度和检流计度数作的标准工作曲线,即可查出待测液的钾浓度,然后计算样品的钾含量。

(二)仪器设备

往复振荡机,火焰光度计。

(三)试　剂

1. 乙酸铵溶液(1.0 摩/升) 称取 77.08 克乙酸铵(CH_3COONH_4)

溶于近1升水中，用稀乙酸或氨水调节至pH值7.0，用水定容至1升。

2. 钾标准溶液(100毫克/升) 称取0.190 7克氯化钾(KCl，分析纯，110℃下烘2小时)溶于1摩/升乙酸铵溶液中，完全溶解后用1摩/升乙酸铵溶液定容至1升。

(四)操作步骤

1. 土壤速效钾的提取和测定 称取通过1毫米孔径筛的风干土样5.0克(准确至0.01克)于150毫升塑料瓶(或三角瓶)中，加1摩/升乙酸铵溶液50毫升，用橡皮塞塞紧，在20℃～25℃下振荡30分钟(振荡机速率为每分钟150～180次)，取出后立即干过滤，滤液盛于一小三角瓶中，与钾标准系列溶液一起在火焰光度计上进行测定，记录检流计读数，在标准曲线上查出相应的浓度，计算土壤中速效钾含量。

2. 标准曲线的绘制 分别吸取100摩/升钾标准溶液0,2,5,10,20,40毫升于100毫升容量瓶中，再逐个加入1摩/升乙酸铵溶液，摇匀，定容。即得0,2,5,10,20,40毫克/升钾标准系列溶液。在火焰光度计上测定，记录检流计读数，并绘制标准曲线。

(五)结果计算

$$土壤速效钾含量(毫克/千克)=\frac{\rho\times V}{m}$$

式中：ρ——从标准曲线上查得测定液的钾浓度(毫克/升)；

V——土壤样品中加入提取剂的体积(毫升)；

m——样品的质量(克)。

六、酸性和中性土壤交换性钙、镁含量的测定

进行酸性和中性土壤交换性钙、镁的含量测定，采用乙酸铵交换—原子吸收分光光度法。

(一)方法原理

以乙酸铵为土壤交换剂，浸出液中的交换性钙、镁，可直接用原子吸收分光光度法测定。测定时所用钙、镁标准溶液，应同时加入同量的

乙酸铵溶液,以消除基体效应。此外,在土壤浸出液中,还应加入释放剂锶,以消除磷、铝和硅对钙测定的干扰。

(二)仪器设备

离心机,粗天平,原子吸收分光光度计。

(三)试　剂

1. 乙酸铵溶液(1.0 摩/升,pH 值 7.0)　称取 77.08 克乙酸铵($CH_3CH_2COONH_4$,化学纯),用水溶解并稀释至近 1 升水中,必要时用 1∶1 氨水或稀乙酸调节至 pH 值 7.0,然后定容至 1 升。

2. 钙标准贮备液(1 000 毫克/升)　称取 2.497 2 克碳酸钙($CaCO_3$,优级纯,经 110℃下烘 4 小时)溶于 1 摩/升盐酸溶液中,煮沸赶去二氧化碳,用水洗入 1 升容量瓶中,定容,贮存于塑料瓶中备用。

3. 钙标准工作溶液(100 毫克/升)　取 1 000 毫克/升钙标准贮备液 10 毫升于 100 毫升容量瓶中,用 1 摩/升乙酸铵溶液定容。

4. 镁标准贮备液(1 000 毫克/升)　称取金属镁(Mg,光谱纯)1.000 0 克溶于少量 6 摩/升盐酸溶液中,用水洗入 1 升容量瓶中,定容,贮存于塑料瓶中备用。

5. 镁标准工作溶液(100 毫克/升)　取 1 000 毫克/升镁标准贮备液 10 毫升于 100 毫升容量瓶中,用 1 摩/升乙酸铵溶液定容。

6. 氯化锶溶液(30 克/升)　称取 30 克氯化锶($SrCl_2 \cdot H_2O$,分析纯),加水溶解后,再稀释溶解后,再稀释至 1 升。

7. pH10 缓冲溶液　称取 67.5 克氯化铵溶于无二氧化碳水中,加入新开瓶中的浓氨水(ρ=0.090 克/毫升)570 毫升用水稀释至 1 升,贮存于塑料瓶中,并注意防止吸收空气中的二氧化碳。

8. K-B 指示剂　称取 0.5 克酸性铬蓝 K 和 1.0 克萘酚绿 B($C_{30}H_{15}N_3Na_3Fe$)与 100 克 99.8%氯化钠(经 105℃烘干)一同研细磨匀,越细越好,贮于棕色瓶中。

(四)测定步骤

1. 交换性钙、镁的浸提　称取通过 1 毫米孔径筛的风干土样 2.00 克(质地较轻的土壤称 5.00 克),放入 100 毫升离心管中,沿壁加入少量1摩/升乙酸铵溶液，用橡皮头玻璃棒搅拌土样，使其成为均匀的泥浆状态，再加乙酸铵溶液至总体积约60毫升，并充分搅拌均匀。然后用乙酸铵溶液洗净橡皮头玻璃棒，将溶液收入离心管内。

将离心管成对放在粗天平的两个托盘上，用乙酸铵溶液使之质量平衡。平衡好的离心管对称放入离心机中，离心3～5分钟，转速3 000～4 000转/分钟。每次离心后的上清液收集在250毫升容量瓶中。如此用乙酸铵溶液处理2～3次，直到浸出液中无钙离子反应为止（检查钙离子：取浸出液5毫升，放在试管中，加pH值10缓冲溶液1毫升，再加少许K－B指示剂，如呈蓝色，表示无钙离子；如呈紫红色，表示有钙离子）。最后用乙酸铵溶液定容，该溶液用于测定交换性钙、镁含量。

2. 浸出液中钙、镁的测定 吸取乙酸铵处理的土壤浸出液20～40毫升（根据含量大小可进行调整）于50毫升容量瓶中，加氯化锶溶液5毫升，用乙酸铵溶液定容。然后在选定的同一工作条件的原子吸收分光光度计上，用标准系列溶液中的钙、镁浓度为零的溶液调节仪器零点后，分别测定钙、镁待测液的吸光度，计算出测定液中钙和镁的浓度。

3. 工作曲线的绘制 分别吸取100摩/升钙工作溶液0.00，1.00，4.00，8.00，12.00，16.00，20.00，24.00毫升，放入100毫升容量瓶中，再分别吸取100摩/升镁标准工作溶液0.00，0.50，1.00，2.00，3.00，4.00，5.00，6.00毫升，按照浓度由低到高的顺序，依次放入相应的已经盛有钙标准工作溶液的容量瓶中，然后分别加入氯化锶溶液10毫升，用1摩/升乙酸铵溶液，摇匀，定容。即配成0，1，4，8，12，16，20，24毫克/升和含镁0，0.5，1，2，3，4，5，6毫克/升的标准系列混合液。在选定工作条件的原子吸收分光光度计上，以0毫克/升钙、镁标准混合工作液，调节仪器吸光度到零点，在422.7纳米（钙）和285.2纳米（镁）波长处，由低到高浓度分别测定钙与镁的吸光度。根据测定值分别绘制钙、镁工作曲线或计算回归方程。

（五）结果计算

$$交换性钙(mol \cdot kg1/2Ca^{2+}) = \frac{c \times V \times ts}{m \times m_1 \times 1000} \times 100$$

$$交换性镁(mol \cdot kg1/2Mg^{2+}) = \frac{c \times V \times ts}{m \times m_2 \times 1000} \times 100$$

式中：c——由工作曲线查得测定液的钙(或镁)浓度(毫克/升)；

V——测定液体积(50 毫升)；

ts——分取倍数，$t = \frac{浸出液体积(毫升)}{吸取浸出液体积(毫升)}$

m——风干土样质量(克)；

m_1——($1/2Ca^{2+}$)的摩尔质量，为 20.04 克/摩；

m_2——($1/2Mg^{2+}$)的摩尔质量，为 12.15 克/摩；

1000——将微克换算成毫克的除数。

七、土壤有效硫含量的测定

(一)方法原理

酸性土壤用磷酸盐(石灰性土壤用氯化钙)浸提，浸提出的硫包括易溶性硫、吸附硫和部分有机硫。浸出液中少量的有机质用过氧化氢去除后，用硫酸钡比浊法测定硫含量。

(二)仪器设备

振荡机，电热板或砂浴，分光光度计，电磁搅拌器。

(三)试　剂

1. 浸提剂

(1)磷酸盐浸提剂(用于酸性土壤)　称取磷酸二氢钙[$Ca(H_2PO_4)_2 \cdot H_2O$，化学纯]2.04 克溶于水中，稀释至 1 升。

(2)氯化钙浸提剂(用于石灰性土壤)　称取氯化钙[$CaCl_2$，分析纯] 1.5 克溶于水中，稀释至 1 升。

2. 过氧化氢　过氧化氢[(H_2O_2)$\omega \approx 30\%$，化学纯]。

3. 1∶4 盐酸溶液　1 份浓盐酸(HCl，$\rho \approx 1.19$ 克/毫升，化学纯)与 4 份水混合。

4. 阿拉伯胶溶液　称取阿拉伯胶 0.25 克溶于水，稀释至 100 毫升。

5. 氯化钡晶粒　将氯化钡($BaCl_2 \cdot 2H_2O$，化学纯)磨碎，筛取 0.25～0.5 毫米部分。

6. 硫标准溶液(100 毫克/升) 称取硫酸钾(K_2SO_4,分析纯)0.5436克溶于水,定容至1升。

(四)操作步骤

1. 有效硫的浸提 称取过2毫米筛风干土样10.00克(精确至0.01克),于100毫升三角瓶中,加入浸提剂50毫升,在20℃~25℃下振荡1小时,取出后立即用无磷滤纸干过滤。

2. 浸出液中硫的测定 吸取滤液25毫升于100毫升三角瓶中,在电热板或砂浴上加热,用过氧化氢3~5滴氧化有机物。待有机物完全分解后继续加热至沸,除尽过氧化氢。加入1:4盐酸1毫升,用水洗入25毫升容量瓶中,加入阿拉伯胶溶液2毫升,用水定容。倒入100毫升烧杯中,加氯化钡晶粒1克,用电磁搅拌器搅拌1分钟。5~30分钟内用3厘米比色槽440纳米波长比浊。同时做空白试验。

3. 工作曲线 将硫标准溶液稀释至10毫克/升。吸取0,1,3,5,8,10,12毫升分别放入25毫升容量瓶中,加入1毫升盐酸和2毫升阿拉伯胶热溶液,用水定容。即得0.0,0.4,1.2,2.0,3.2,4.0,4.8毫克/升硫标准系列溶液。加氯化钡晶粒1克,用电磁搅拌器搅拌1分钟。5~30分钟内用3厘米比色槽440纳米波长比浊。测定吸光度,并绘制工作曲线。

(五)结果计算

$$\text{土壤有效硫含量(毫克/千克)}=\frac{\rho\times V\times ts}{m}\times 100$$

式中:ρ——测定液中硫的质量浓度(毫克/升);

V——测定时定容体积(毫升);

ts——分取倍数;

m——土样质量(克)。

八、土壤有效硼含量的测定

甲、沸水提取—姜黄素比色法

(一)方法原理

用热水浸提出的土壤硼,与植物对硼的反应有较高的相关性。浸提液中硼在草酸存在下与姜黄素作用，经脱水生成玫瑰红色的络合物。用乙醇溶解后测定其吸光度。红色络合物溶液在含硼 0.002 5～0.05 毫克/升符合朗伯—比尔定律。

(二)仪器设备

试验中所用玻璃器皿，使用前应用 1∶3 盐酸浸泡 2～4 小时，然后用水冲洗干净并晾干。

土样筛（尼龙筛，2.0 毫米方孔筛），分析天平（感量为 0.000 1，0.001 克），分光光度计，电热恒温水浴，调温电炉或酒精灯，石英或低硼玻璃锥形瓶（250 毫升），石英或低硼玻璃回流冷凝管，蒸发皿（50 毫升，石英或聚乙烯制品）。

(三)试　剂

试验中所有用水，均为去离子水或石英蒸馏器重蒸馏水。

1. 95%乙醇　分析纯。

2. 硫酸镁溶液　10.00 克硫酸镁（$MgSO_4 \cdot 7H_2O$，分析纯）溶于 100 毫升水中。

3. 姜黄素-草酸溶液　称取 0.040 克姜黄素和 5.00 克草酸（$H_2C_2O_4 \cdot 2H_2O$，优级纯）溶于无水乙醇中，加入 6 摩/升盐酸溶液 4.2 毫升，移入 100 毫升容量瓶中，用乙醇定容贮于棕色玻璃瓶中。此液应在使用前一天配制好，密闭存放在冰箱内，可使用一周。

4. 硼标准溶液　称取 0.572 0 克干燥的硼酸（优级纯）溶于水中，定容至 1 升，盛于塑料瓶中。此液为 100 毫克/升硼贮备溶液。将此硼贮备溶液稀释 10 倍，即为 10 毫克/升硼标准工作液。

(四)测定步骤

1. 土壤有效硼的浸提　称取 10.00 克风干过 2.0 毫米筛的土样于 250 毫升石英锥形瓶中，按 1∶2 土水比，加 20.0 毫升水，连接冷凝管，文火煮沸 5 分钟，立即移开热源，继续回流冷凝 5 分钟（准确计时），取下锥形瓶，加入 2 滴硫酸镁溶液，摇匀后立即过滤，将瓶内悬浮液一次倾入滤纸上，滤纸承接于聚乙烯瓶内。同一试样做两个平行测定。同时用水按上述提取步骤制备空白溶液。

2. 显色测定 移取1.00毫升滤液于50毫升蒸发皿内，加4.00毫升姜黄素—草酸溶液，在恒温水浴55℃±3℃上蒸发至干，自呈现玫瑰红色时开始计时，继续烘焙15分钟，取下蒸发皿冷却到室温，加入20.0毫升95%乙醇，用橡胶淀帚擦洗皿壁，使内容物完全溶解，用中速滤纸过滤到具塞容器内(此溶液放置时间不要超过3小时)，以95%乙醇为参比溶液，在分光光度计550纳米波长处，用1厘米光径比色皿测定吸光度。

3. 工作曲线绘制 用10毫克/升硼工作溶液，按0,0.1,0.2,0.4,0.6,0.8,1.0毫克/升硼浓度，配成硼标准系列溶液，分别吸取1.00毫升，按上述第二步操作显色测定吸光度并绘制工作曲线。

(五)结果计算

$$土壤有效硼含量(毫克/千克)=\frac{\rho \times V \times ts}{m}\times 100$$

式中：ρ——由工作曲线查得硼浓度(毫克/升)；

V——显色液体积(毫升)；

ts——分取倍数；

m——土样质量(克)。

注：如果土壤有效硼含量较高时，待测液中硼超过1毫克/升时，应将滤液稀释后进行显色。计算时乘以稀释倍数。

乙、沸水提取—甲亚胺比色法

(一)方法原理

用热水浸提出的土壤硼，与植物对硼的反应有较高的相关性。在弱酸性水溶液中硼与甲亚胺生成黄色配合物，显色达到稳定所需的时间约为2小时，其颜色深浅在含硼0～10毫克/升范围内符合朗伯—比尔定律。

(二)仪器设备

分光光度计，石英三角瓶及冷凝管，分析天平，调温电炉或酒精灯。

(三)试　剂

试验中所有用水，均为去离子水或石英蒸馏器重蒸馏水。

1. 硫酸镁溶液 10.00 克硫酸镁($MgSO_4 \cdot 7H_2O$,分析纯)溶于 100 毫升水中。

2. 活性炭粉 活性炭应先用 1∶1 盐酸浸泡 12 小时以上。然后移放在平板漏斗上抽气过滤,用水淋洗 4～5 次。再用碳酸氢钠浸提剂浸泡 12 小时以上,在平板漏斗上抽气过滤,用水洗净碳酸氢钠,并至无磷为止,烘干备用。

3. 缓冲溶液 称取 231 克乙酸铵($CH_3CH_2COONH_4$,分析纯),用水溶解并稀释至近 1 升水中,再加入 67 克乙二胺四乙酸二钠盐($C_{10}H_{14}O_8N_2Na_2 \cdot 2H_2O$,分析纯),此液 pH 值为 6.7。

4. 甲亚胺显色剂

(1)甲亚胺制备 将 H 酸[1-氨基-8-萘酚-3,6-二磺酸氢钠,$C_{10}H_4NH_2OH(SO_3HNa)_2$]18 克,溶于 1 000 毫升水中,稍加热使溶解完全。必要时过滤。用 100 克/升的氢氧化钾(KOH,分析纯)溶液中和至 pH 值 7,加水杨酸($C_6H_4OH \cdot CHO$)20 毫升,然后滴加浓盐酸,同时加以搅拌,使酸度为 pH 值 1.5(试纸试之,约加浓盐酸 15 毫升),直至黄色沉淀产生。小心加热(约 40℃)1 小时,并加以搅拌,放置 3～4 天,并间歇振荡。用平瓷漏斗过滤或离心,用无水乙醇洗涤沉淀 5～6 次,收集合成的甲亚胺在 100℃温度下干燥 3 小时,冷却后,在玛瑙研钵中磨细,贮于塑料瓶中备用。产品为橘黄色。

(2)甲亚胺显色溶液 将甲亚胺($C_{17}H_{15}O_9S_2N$)0.9 克和抗坏血酸($C_6H_8O_6$,左旋,比旋光度+21°～+22°,分析纯)2 克,溶于 60 毫升水中,水浴上稍加热使之完全溶解,稀释至 100 毫升,必要时过滤,贮于塑料瓶中备用。最好现配现用。若置于冰箱中可保存约 7 天。

5. 硼标准溶液 称取 0.571 6 克干燥的硼酸(H_3BO_3,优级纯)溶于水中,定容至 1 升 ,盛于塑料瓶中。此液为 100 毫克/升硼贮备溶液。将此硼贮备溶液稀释 10 倍,即为 10 毫克/升硼标准工作液。

(四)测定步骤

1. 土壤有效硼的浸提 称取 20.00 克风干过 2.0 毫米尼龙筛的土样于 250 毫升石英锥形瓶中,按 1∶2 的土水比,加 40.0 毫升水,连接冷凝管，文火煮沸 5 分钟，立即移开热源，继续回流冷凝 5 分钟（准确计时），取下三角瓶，加入 2 滴硫酸镁溶液和一小匙活性炭（以加速澄清和除去有机质），摇匀后放置 5 分钟，将瓶内悬浮液一次倾入滤纸上，滤纸承接于聚乙烯瓶内。同时做空白溶液。

2. 显色测定 吸取 4.0 毫升滤液于 10 毫升比色管中，加入 3 毫升缓冲溶液，3 毫升甲亚胺显色液，摇匀。放置 1 小时后，于波长 420 纳米处比色。

3. 工作曲线绘制 用 10 毫克/升硼工作溶液，按 0.0，0.5，1.0，2.0，3.0，4.0，5.0 毫升于 7 个 50 毫升容量瓶中，用无硼水定容，即为 0.0，0.1，0.2，0.4，0.6，0.8，1.0 毫克/升硼浓度，配成硼标准系列溶液，分别吸取 4.00 毫升，按上述第二步操作显色测定吸光度，并绘制工作曲线。

（五）结果计算

$$土壤有效硼含量(毫克/千克)=\frac{\rho \times V \times ts}{m} \times 100$$

式中：ρ——由工作曲线查得硼的质量浓度（毫克/升）；

V——吸取浸提液的体积（毫升）；

ts——分取倍数（本试验中为 40/4）；

m——土样质量（克）。

九、土壤有效铁含量的测定

进行土壤有效铁的测定，采用 DTPA 溶液浸提—原子吸收分光光度法。

（一）方法原理

用 pH 值 7.3 的 DTPA-$CaCl_2$-TEA 溶液作为土壤浸提剂，用乙炔-空气火焰的原子吸收分光光度法直接测定铁。此法没有任何干扰，而且可以连续测定 Zn、Cu、Mn。对 Fe 的最灵敏波长是 248.3 纳米，测定下限可达 0.01 毫克/升，最佳测定范围为 2～20 毫克/升。

（二）仪器设备

振荡机，原子吸收分光光度计。

(三)试　剂

1. DTPA 浸提剂(其中含有 0.005 摩/升 DTPA-0.01 摩/升 $CaCl_2$-0.1 摩/升 TEA)　称取 DTPA(二乙基三胺五乙酸,分析纯)1.967 克,溶于 14.92 克 TEA[三乙醇胺$(HOCH_2CH_2)_3\cdot N$,分析纯]和少量水中,再将氯化钙($CaCl_2\cdot 2H_2O$,分析纯)1.47 克(或无结晶水氯化钙 1.11 克)溶于水中,一并转入 1 升容量瓶中,加水至约 950 毫升,在 pH 计上用 6 摩/升 HCl 调节 pH 值至 7.30(每升浸提剂约需加 6 摩/升 HCl 8.5 毫升或浓盐酸 4～5 毫升),最后用水定容,贮存于塑料瓶中,几个月内不会变质。

2. 铁标准溶液　称取 0.1000 克光谱纯铁丝,溶于 20 毫升盐酸(0.6 摩/升)中,必要时加热使之溶解,移入 1 升容量瓶中,用水定容。此为贮备标准溶液(ρ=100 毫克/升)

(四)操作步骤

1. 土壤有效铁的浸提与测定　称取通过 2.0 毫米尼龙筛的风干土 25.0 克放入 150～180 毫升塑料瓶中,加入浸提剂 50.0 毫升,在20℃～25℃下振荡 2 小时(每分钟往复振荡 180 次),立即干过滤,滤液承接于塑料瓶中。滤液直接在原子吸收分光光度计上测定铁,选用波长 248.3 纳米。同时做空白试验。

2. 工作曲线绘制　准确吸取 100 毫克/升铁标准溶液,按 0,1.25,2.5,5.0,7.5,10.0 毫升分别于 50 毫升容量瓶中,用水或浸提剂定容。即得含铁 0,2.5,5.0,10.0,15.0,20.0 毫克/升的系列标准溶液,直接在原子吸收分光光度计上测定吸收值后绘制工作曲线。测定条件应与土壤测定时完全相同。

(五)结果计算

$$\text{土壤有效铁含量(毫克/千克)}=\frac{\rho\times V}{m}\times 100$$

式中:ρ——由工作曲线查得测定液中铁的质量浓度(毫克/升);

V——浸提时所用浸出液的体积(毫升);

m——土样质量(克)。

十、土壤有效锰含量的测定

甲、交换性锰的测定(乙酸铵浸提—原子吸收分光光度法)

(一)方法原理

土壤样品用中性乙酸铵浸提，提取剂中 NH_4^+ 将土壤胶体上的 Mn^{2+} 交换下来进入溶液，待测液中锰可用原子吸收分光光度法直接测定。

在贫燃的空气/乙炔火焰里，用原子吸收分光光度法测定土壤交换性锰，一般无干扰，可直接测定。当溶液中锰浓度高时，用稀释法可将燃烧灯头转一定角度，减小吸收值，使其适应仪器的测定范围，即可减少样品的稀释步骤。

(二)仪器设备

往复振荡机，原子吸收分光光度计。

(三)试　剂

1. 乙酸铵溶液(1.0 摩/升,pH 值 7.0)　称取 77.1 克乙酸铵($CH_3CH_2COONH_4$,分析纯)，用水溶解并稀释至近 900 毫升水中，用 3 摩/升氨水或 3 摩/升乙酸在 pH 计上调节溶液 pH 值至 7.00±0.05，用水稀释至 1 升。

2. 锰标准溶液(ρ=10 毫克/升)　称取无水硫酸锰($MnSO_4$,优级纯)0.274 9 克溶于少量 1 摩/升乙酸铵溶液中，加浓硫酸 1 毫升，用 1 摩/升乙酸铵溶液定容至 1 升，此为 100 毫克/升 Mn 标准溶液。将此溶液用 1 摩/升乙酸铵溶液稀释 10 倍，成为 10 毫克/升 Mn 标准溶液。

无水硫酸锰按照下面方法制得：将 $MnSO_4 \cdot 7H_2O$ 于 150℃烘干，移入高温电炉中于 400℃灼烧 2 小时。

(四)操作步骤

1. 土壤交换性锰的浸提与测定　称取 10.0 克新鲜土壤样品(土样应事先捣碎，并且尽可能混匀，另取一份新鲜土样测定土壤水分，以便计算相当于 10 克新鲜土样的干土质量)，装入 250 毫升三角瓶中，加入

100 毫升乙酸铵溶液，加塞。在往复振荡机上振荡 30 分钟，放置 6 小时，并时加摇动，离心分离或过滤。浸出液可直接在原子吸收分光光度计上测定锰，选用波长为 279.5 纳米。同时做空白试验。

2. 工作曲线绘制 准确吸取 10 毫克/升锰标准溶液，按 0，0.25，0.5，1.0，5.0，10.0，25.0，50.0 毫升，分别于 100 毫升容量瓶中，用浸提剂定容。即得含锰 0，0.025，0.05，0.10，0.50，1.00，2.50，5.00 毫克/升的系列标准溶液，直接在原子吸收分光光度计上测定吸收值后绘制工作曲线。测定的仪器参数应与土壤测定时完全相同。

(五)结果计算

$$\text{土壤交换性锰含量(毫克/千克)}=\frac{\rho\times V}{m\cdot k}$$

式中：ρ——由工作曲线查得测定液中锰的质量浓度(毫克/升)；

V——浸提时所用浸出液的体积(毫升)；

m——土样质量(克)；

k——水分系数。

乙、土壤易还原锰的测定(乙酸铵—对苯二酚浸提—原子吸收分光光度法)

(一)方法原理

易还原锰，是指对植物可能有效的部分高价锰的氧化物，主要是三价、四价锰的氧化物，晶形小，而且结晶程度低，所以其活性较其他形态的氧化锰大，在土壤中与二价锰保持平衡。易还原锰的浸提剂常用 1 摩/升乙酸铵溶液＋2 克/升对苯二酚，其中对苯二酚为还原剂，可将高价锰氧化物中的锰还原为可溶的二价锰：

$$MnO^{2+}+C_6H_4(OH_2)_2+2H^+\rightarrow Mn^{2+}+C_6H_4O_2+2H_2O$$

$$Mn_2O_3+C_6H_4(OH_2)_2+4H^+\rightarrow 2Mn^{2+}+C_6H_4O_2+3H_2O$$

待测液中锰可用原子吸收分光光度法直接测定。

易还原性锰的浸提，可以用浸提过交换性锰的残余土壤，再加 1 摩/升乙酸铵溶液和 2 克/升对苯二酚溶液直接进行浸提测定；也可以用原始土样直接用 1 摩/升乙酸铵溶液＋2 克/升对苯二酚溶液浸提测定，从测定结果中减去交换性锰即为易还原性锰。

(二)仪器设备

往复振荡机，原子吸收分光光度计。

(三)试　剂

1. 乙酸铵溶液(1.0 摩/升，pH 值 7.0)　称取 77.1 克乙酸铵($CH_3CH_2COONH_4$，分析纯)，用水溶解并稀释至近 900 毫升水中，用 3 摩/升氨水或 3 摩/升乙酸在 pH 计上调节溶液 pH 值至 7.00±0.05，用水稀释至 1 升。

2. 1 摩/升乙酸铵溶液＋2 克/升对苯二酚溶液　在使用前每 1 000 毫升 1.0 摩/升中性乙酸铵溶液中加入 2 克对苯二酚(分析纯)，摇匀。

3. 锰标准溶液(ρ＝10 毫克/升)　称取无水硫酸锰($MnSO_4$，优级纯)0.274 9 克溶于少量 1 摩/升乙酸铵溶液中，加浓硫酸 1 毫升，用 1 摩/升乙酸铵溶液定容至 1 升，此为 100 毫克/升 Mn 标准溶液。将此溶液用 1 摩/升乙酸铵溶液稀释 10 倍，成为 10 毫克/升 Mn 标准溶液。

无水硫酸锰按照下面方法制得：将 $MnSO_4 \cdot 7H_2O$ 于 150℃烘干，移入高温电炉中于 400℃灼烧 2 小时。

(四)操作步骤

1. 土壤易还原锰的浸提与测定　将已测定交换性锰的土壤样品移回原用的 250 毫升三角瓶中，或另取 10.0 克新鲜土样放在三角瓶中，加入 100 毫升 1 摩/升乙酸铵溶液＋2 克/升对苯二酚溶液，加塞。在往复振荡机上振荡 30 分钟，放置 6 小时，并不时摇动，离心分离或过滤。浸出液可直接在原子吸收分光光度计上测定锰，选用波长为 279.5 纳米。同时做空白试验。

2. 工作曲线绘制　取 100 毫克/升锰标准溶液，按 0，5，10，20，40，60 毫升于 100 毫升容量瓶中，分别加入 0.2 克对苯二酚，用 1 摩/升乙酸铵溶液定容，即得含锰 0，5，10，20，40，60 毫克/升的标准系列溶液，放置 6 小时后与土壤浸出液同时测定吸收值，绘制工作曲线。

(五)结果计算

$$土壤易还原性锰含量(毫克/千克)=\frac{\rho \times V}{m \cdot k}$$

式中：ρ——由工作曲线查得测定液中锰的质量浓度(毫克/升)；

V——浸提时所用浸出液的体积(毫升)；

m——土样质量(克)；

k——水分系数。

如果是另用新鲜土壤直接浸提的，在计算时必须从中减去交换性锰的含量，方为易还原锰的含量。

交换性锰与易还原锰之和为有效锰。

十一、土壤有效铜、锌含量的测定

甲、中性和石灰性土壤有效铜、锌的测定(DTPA浸提—原子吸收分光光度法)

(一)方法原理

浸提剂中的DTPA通过与金属离子的螯合作用，减小溶液中的离子活度，使土壤固相表面结合的金属离子解析下来；pH值至7.3的浸提剂中TEA质子化后，可将土壤中代换态金属离子置换下来；浸提剂中的Ca^{2+}通过同离子效应抑制$CaCO_3$的溶解，避免一些对植物无效的包蔽态金属离子释放出来。

浸提液中的铜和锌，可用原子吸收分光光度法直接测定。

(二)仪器设备

往复振荡机，原子吸收分光光度计，塑料瓶。

(三)试　剂

1. DTPA浸提剂(其中含有0.005摩/升DTPA-0.01摩/升$CaCl_2$-0.1摩/升TEA)　称取DTPA(二乙基三胺五乙酸，分析纯)1.967克，溶于14.92克TEA[三乙醇胺$(HOCH_2CH_2)_3 \cdot N$，分析纯]和少量水中，再将氯化钙($CaCl_2 \cdot 2H_2O$，分析纯)1.47克(或无结晶水氯化钙1.11克)溶于水中，一并转入1升容量瓶中，加水至约950毫升，在pH计上用6摩/升HCl调节pH值至7.30(每升浸提剂约需加6摩/升HCl 8.5毫升或浓盐酸4～5毫升)，最后用水定容，贮存于塑料瓶中，几个月内不会变质。

2. 铜标准溶液(10 毫克/升) 称取硫酸铜($CuSO_4 \cdot 5H_2O$,分析纯,未风化的)0.392 8 克溶于硫酸(0.5 摩/升)溶液;定容成 1 升,即得 100 毫克/升铜贮存溶液。将上述溶液稀释 10 倍可得 10 毫克/升铜标准溶液。

或者称取纯铜(Cu,分析纯)0.100 0 克溶解于 50 毫升 1∶1HNO_3 溶液中,定容为 1 升,即得 100 毫克/升铜贮存溶液。将上述溶液稀释 10 倍可得 10 毫克/升铜标准溶液。

3. 锌标准溶液(10 毫克/升) 称取 0.100 0 克金属锌(Zn,分析纯),放入 1 升容量瓶中,加水 50 毫升和 1 毫升浓硫酸溶解,定容,即得 100 毫克/升锌的贮备液。将上述溶液稀释 10 倍可得 10 毫克/升锌标准溶液。

(四)操作步骤

1. 土壤有效铜、锌的浸提与测定 称取 25.00 克通过 1 毫米筛的风干土样,装入 100 毫升塑料瓶中,加 DTPA 浸提剂 50 毫升在 25℃下振荡 2 小时,干过滤。浸出液可直接在原子吸收分光光度计上测定铜和锌,选用波长 324.7 纳米测铜,213.8 纳米测锌。同时做空白试验。

2. 工作曲线绘制

(1)铜的工作曲线 取 10 毫克/升铜标准溶液 0,2,4,6,8,10,15,20 毫升,分别于 100 毫升容量瓶中,用 DTPA 浸提剂定容。即得含铜 0,0.2,0.4,0.6,0.8,1.0,1.5,2.0 毫克/升的标准系列溶液,直接在原子吸收分光光度计上测定吸收值后绘制工作曲线。测定的仪器参数应与土壤测定时完全相同。

(2)锌的工作曲线 取 10 毫克/升锌标准溶液 0,2,4,6,8,10 毫升,分别于 100 毫升容量瓶中,用 DTPA 浸提剂定容。即得含锌 0,0.2,0.4,0.6,0.8,1.0 毫克/升的标准系列溶液,直接在原子吸收分光光度计上测定吸收值后绘制工作曲线。测定的仪器参数应与土壤测定时完全相同。

(五)结果计算

$$土壤有效铜或锌含量(毫克/千克)=\frac{\rho \times V}{m}$$

式中：ρ——由工作曲线查得测定液中铜或锌的质量浓度（毫克/升）；

V——浸提时所用浸出液的体积（毫升）；

m——土样质量（克）。

乙、中性和酸性土壤有效铜、锌的测定（0.1 **摩/升 HCl 浸提—原子吸收分光光度法**）

（一）方法原理

0.1 摩/升 HCl 浸提土壤有效铜、锌，不但包括水溶态和代换态铜、锌，还能释放酸溶性化合物中的铜、锌，后者对植物有效性则较低。本方法适用于中性和酸性土壤。

浸提液中的铜、锌可用原子吸收分光光度法直接测定。

（二）仪器设备

往复振荡机，原子吸收分光光度计，塑料瓶。

（三）试　剂

1. 盐酸溶液（0.1 摩/升）　吸取 8.3 毫升浓盐酸（HCl，$\rho=1.19$ 克/厘米^3，优级纯）稀释至 1 升。

2. 铜标准溶液（10 毫克/升）　称取硫酸铜（$CuSO_4 \cdot 5H_2O$，分析纯，未风化的）0.392 8 克溶于硫酸（0.5 摩/升）溶液；定容成 1 升，即得 100 毫克/升铜贮存溶液。将上述溶液稀释 10 倍可得 10 毫克/升铜标准溶液。

或者称取纯铜（Cu，分析纯）0.100 0 克溶解于 50 毫升 1∶1HNO_3 溶液中，定容为 1 升，即得 100 毫克/升铜贮存溶液。将上述溶液稀释 10 倍可得 10 毫克/升铜标准溶液。

3. 锌标准溶液（10 毫克/升）　称取 0.100 0 克金属锌（Zn，分析纯），放入 1 升容量瓶中，加水 50 毫升和 1 毫升浓硫酸溶解，定容，即得 100 毫克/升锌的贮备液。将上述溶液稀释 10 倍可得 10 毫克/升锌标准溶液。

（四）操作步骤

1. 土壤有效铜、锌的浸提与测定　称取 10.00 克通过 1 毫米筛的风干土样装入100毫升塑料瓶中，加入0.1摩/升 HCl浸提剂50毫升，在25℃下振荡1.5小时，干过滤。浸出液可直接在原子吸收分光光度计上测定铜和锌，选用波长324.7纳米测铜，213.8纳米测锌。同时做空白试验。

2. 工作曲线绘制

(1)铜的工作曲线 取10毫克/升铜标准溶液0，2，4，6，8，10，15，20毫升分别于100毫升容量瓶中，用盐酸浸提剂定容。即得含铜0，0.2，0.4，0.6，0.8，1.0，1.5，2.0毫克/升的标准系列溶液，直接在原子吸收分光光度计上测定吸收值后绘制工作曲线。测定的仪器参数应与土壤测定时完全相同。

(2)锌的工作曲线 取10毫克/升锌标准溶液0，2，4，6，8，10毫升，分别于100毫升容量瓶中，用盐酸浸提剂定容。即得含锌0，0.2，0.4，0.6，0.8，1.0毫克/升的标准系列溶液，直接在原子吸收分光光度计上测定吸收值后绘制工作曲线。测定的仪器参数应与土壤测定时完全相同。

(五)结果计算

$$土壤有效铜或锌含量(毫克/千克)=\frac{\rho\times V}{m}$$

式中：ρ——由工作曲线查得测定液中铜或锌的质量浓度(毫克/升)；

V——浸提时所用浸出液的体积(毫升)；

m——土样质量(克)。

十二、土壤酸碱度(pH值)的测定

进行土壤酸碱度(pH值)的测定采用电位法。

(一)方法原理

当pH计测定土壤悬浊液pH值时，常用玻璃电极为指示电极，以饱和甘汞电极为参比电极。当pH玻璃电极和甘汞电极插入土壤悬浊液时，构成一电池反应，两者之间产生一电位差。由于参比电极的电位是固定的，因而该电位差决定于试液中氢离子活度，氢离子活度的负对数即为 pH 值，通过仪表可直接读取试液的 pH 值。

（二）仪器设备

pH 计，pH 玻璃电极，饱和甘汞电极，或复合电极。

（三）试　剂

1. pH4.01 标准缓冲溶液　称取经 105℃烘干 2 小时的邻苯二甲酸氢钾（$KHC_8H_4O_4$，分析纯）10.21 克，用蒸馏水溶解，稀释至 1 000 毫升。

2. pH6.87 标准缓冲溶液　称取经 120℃烘干 2 小时的磷酸二氢钾（KH_2PO_4，分析纯）3.39 克和无水磷酸氢二钠（Na_2HPO_4，分析纯）3.53 克，用蒸馏水溶解，稀释至 1 000 毫升。

3. pH 9.18 标准缓冲溶液　称取四硼酸钠（$Na_2B_4O_7 \cdot 10H_2O$，分析纯）3.80 克溶于无 CO_2 的蒸馏水中，定容至 1 000 毫升。此缓冲液 pH 值容易变化，应注意保存。

4. 无二氧化碳蒸馏水　将蒸馏水置烧杯中，加热煮沸数分钟，冷却后放在磨口玻璃瓶中备用。

5. 氯化钙溶液（0.01 摩/升）　称取氯化钙（$Ca_2Cl_2 \cdot 2H_2O$，化学纯）147.02 克溶于 200 毫升水中，定容至 1 升，吸取 10 毫升于 500 毫升烧杯中，加 400 毫升水，用少量氢氧化钙或盐酸调节 pH 值为 6 左右，然后定容至 1 升。

（四）操作步骤

1. 待测液的制备　称取过 20 目筛的风干土样 10 克，置于 50 毫升烧杯中，加无二氧化碳的蒸馏水或氯化钙溶液（中性、石灰性或碱性土测定用）10 毫升，用玻璃棒剧烈搅动 1～2 分钟，静置 30 分钟，待测。

2. pH 计校准　开机预热 10 分钟，将浸泡 24 小时以上的玻璃电极，浸入 pH 值 6.87 的标准缓冲溶液中，以甘汞电极为参比电极。将 pH 计定位在 6.87 处，反复几次至不变为止。取出电极，用蒸馏水冲洗干净，用滤纸吸去水分，再分别插入 pH 值 4.01 和 pH 值 9.18 的标准缓冲溶液中，复核其 pH 值是否正确（误差在±0.02pH 单位即可使用，否则要更换电极或检查原因)。

3. 测 量 将校正后 pH 计的玻璃电极球部浸入悬浮液泥层中，并将甘汞电极侧孔上的塞子拔去，插入土壤悬浮液的上清液中，读取 pH 值。反复 3 次，用平均值作为测量结果。每个样品测定完后，立即用蒸馏水冲洗电极，并用滤纸吸去水分，再测定下一个样品。每测定 5～6 个样品后，需用 pH 标准溶液重新校正仪器。

主要参考文献

1　孟繁静主编．植物生理学．武汉:华中理工大学出版社,2000

2　沈兆敏等编著．脐橙优质丰产技术．北京:金盾出版社,2000

3　王三根主编．植物生长调节剂与施用方法．北京:金盾出版社,2003

4　于毅等编著．果园新农药300种．北京:中国农业出版社,2003

5　朱佳满主编．果树寒害与防御．北京:金盾出版社,2002

6　鲁剑巍主编．测土配方与作物配方施肥技术．北京:金盾出版社,2006